El lenguaje secreto de la naturaleza

OSCAR S. ARANDA

El lenguaje secreto de la naturaleza

—

Descubre la inteligencia y
las emociones de animales y plantas

PLAZA JANÉS

Papel certificado por el Forest Stewardship Council®

Penguin
Random House
Grupo Editorial

Primera edición: junio de 2019
Tercera reimpresión: julio de 2024

© 2019, Oscar S. Aranda Mena
© Fotografías del cuadernillo interior: archivo del autor
© Depositphotos, Alamy e istock, por las ilustraciones interiores
© 2019, Penguin Random House Grupo Editorial, S. A. U.
Travessera de Gràcia, 47-49. 08021 Barcelona
Diseño de la cubierta: Penguin Random House Grupo Editorial / Carlos Pamplona
Ilustración de la cubierta: Sonia Pulido

Printed in Spain – Impreso en España

ISBN: 978-84-01-02276-0
Depósito legal: B-10.627-2019

Compuesto en Comptex & Ass., S. L
Impreso en Liber Digital, S. L.
Casarrubuelos (Madrid)

L 0 2 2 7 6 A

A mis queridos padres, Manuel Aranda y Rosa Mena,
por ser mi inspiración, mi apoyo y modelo a seguir.

A mi amada Mar Zuloaga, por ser la luz
de mi camino y mi energía de cada día.
Haces de mi vida un mundo de color.

A todos esos héroes anónimos que luchan
sin descanso por dar voz a los seres vivos
y por hacer de éste un mundo mejor para todos.

Índice

Prólogo

Estimado lector, este libro es una ventana hacia un mundo plagado de vida, lleno de seres con emociones, que tienen familia, enfrentan desafíos, crean alianzas y toman decisiones al igual que nosotros. Le invito a acompañarme en un viaje repleto de anécdotas divertidas, de leyendas, tradiciones y curiosidades de la vida de algunos seres con los que he tenido la fortuna de toparme desde mi niñez hasta mi vida adulta.

Este viaje nos llevará por lugares maravillosos alrededor del mundo, desde las aguas del océano Pacífico, sus arrecifes y las selvas mexicanas, hasta las costas del mar Mediterráneo y la cordillera Cantábrica. Haremos escalas para echar un vistazo a las enigmáticas charcas, entraremos en nuestros propios hogares, buscaremos entre los libros de nuestras bibliotecas y detrás de los cuadros a seres que nos hacen la vida más cómoda y también más interesante, aunque la mayoría del tiempo nos pasen desapercibidos.

Ésa es mi intención: hacer visibles a los invisibles, dar protagonismo a aquellos seres que no tienen ni la fama ni la belleza para figurar en poesías, canciones o narraciones épicas y cuyas vidas son todo menos aburridas. Cuando me conozca un poco entenderá que lo mío no es una locura, sino una forma muy personal de ver la naturaleza y la vida misma, pues para mí todos somos iguales, no importa que tengamos la forma de un helecho, el carácter de una mosca, la valentía de una hormiga o el corazón de una gaviota.

No se asuste, estimado lector, porque éste no es un libro sobre filosofía ni tampoco sobre ciencia. Se trata de un libro donde le demostraré que todos somos más parecidos de lo que creemos, siempre desde una perspectiva original y con sentido del humor. Quiero que se contagie de ese amor y esa admiración que siento por el mundo natural; de mi amor por los árboles y mi devoción hacia los animales que han marcado mi afortunada vida, repleta de circunstancias excepcionales y de encuentros tan fantásticos como inesperados.

Le invito a leerme y a conocerme. Sea usted bienvenido y espero que lo disfrute tanto como yo.

Introducción

¡Hola! Quienes me conocen un poco entenderán que lo mío no es una locura, sino una forma muy personal de ver la vida. Cómo no iba a ser así si desde muy pequeño encontré en la naturaleza un lugar donde jugar, realizar mis sueños y vivir fascinantes aventuras, pasando horas desconectado del mundo real y de las actividades típicas de mi edad. Dice mi madre que soy un naturalista por convicción propia, aunque el mérito lo tienen mis padres al inculcarme el respeto y el amor por el mundo natural.

Nací y crecí en México, y llevé una vida alegre aunque un tanto solitaria. Siempre que me era posible rescataba cuanto animal encontraba bajo la premisa de «mientras más feo, mejor», y aunque fuera a escondidas, los metía en casa, incluyendo mi habitación. Tarántulas, lagartos, aves, conejos, serpientes, ranas... La lista es interminable. Aunque a la mayoría de los animales los liberaba en el campo o en algún rincón de los jardines de mi casa, algunas veces no mantenía informada a mi madre en tiempo real sobre lo que hacía o los animales que llevaba, lo que le significó un cúmulo considerable de disgustos que seguramente le quitaron más o menos un mes de vida. No la culpo por enfadarse conmigo, debí haberla informado de que si entraba en mi habitación se encontraría a Matilda, mi querida rata de laboratorio que había adoptado hacía varias semanas, o que en el jardín estaba viviendo una culebra que le había quitado a un niño cuando la llevaba dentro de una botella de plástico.

Mi madre siempre ha sido mi ángel guardián, y me ha defendido de los latosos de mis hermanos mayores y de algún que otro vecino. Ambos tenemos un vínculo muy profundo. Es a ella a quien debo agradecer incontables cosas, incluyendo mi amor incondicional hacia los gatos a pesar de mi alergia, lo que me provocó padecer asma desde la infancia. Pero toda esa tos, todas esas noches conectado a una mascarilla de oxígeno, todos esos ventolines, tantos días con los ojos llorosos y las narices mocosas valieron la pena. ¡Hola, soy Oscar y soy gathólico! ¡Un gran admirador y fiel esclavo de esa rara e irresistible mezcla de pelo, cariño y soberbia que nos resulta tan adictiva a los amantes de los gatos!

Usted podría imaginarse que vivíamos en el campo, en alguna zona rural o en una finca donde un montón de animales podían vivir y convivir perfectamente libres, pero no era así. La casa de mis padres es singular, con muchas puertas y escaleras por doquier, adaptada a las excentricidades de mi padre, pero bien podría describirla como una casa grande de dos plantas y que durante los años ochenta del siglo pasado estaba ubicada en las orillas de mi ciudad natal, León, en el estado de Guanajuato. Por aquel entonces, muy cerca de casa había grandes extensiones de campos sin urbanizar, por lo que no tenía que salir lejos si quería encontrar algún animalillo. De hecho, el jardín principal de la casa tenía suficientes árboles y vegetación para que llegaran aves y mariposas migratorias, y por debajo del portón entraban y salían lagartijas de cola azul que vivían en los descampados de alrededor.

En la entrada de la casa había un pequeño jardín con un montón de rocas y escondrijos que resultaban ser perfectos para liberar a los bichos que encontraba. También, desde la habitación de mis padres, se podía llegar a un pequeño y húmedo jardín secreto al que tenía prohibido entrar, pero como buen niño que era, lo visitaba frecuentemente cuando nadie me veía. Ahí descubrí a las llamadas «culebrillas ciegas», unas serpientes negras del tamaño de una lombriz que me fascinaba atrapar para luego ver cómo se enterraban de nuevo, ayudándose de una pequeña espina que tenían en la cola. Recuerdo que también me dedicaba a levantar las piedras para encontrar sanguijuelas de tierra, caracoles, babosas e infinidad de tijeretas y bichos bola. ¡Era toda una aventura!

A veces, tras una copiosa lluvia, rescataba sapos del patio de la escuela antes de que los niños mayores los encontraran y los mataran, y en ocasiones intentaba negociar con ellos para salvar a otros animalillos, lo que me suponía donarles mi almuerzo, pues eso de quitárselos a la fuerza era algo que no se me daba bien. De hecho, ocurría justo lo contrario, pues por ser flacucho era un experto en atraer abusones, tal vez porque tenía prohibido hacer cualquier tipo de ejercicio por aquello del asma. Está claro que no era el niño más popular de la escuela y seguramente muchos me consideraban un poco rarito, aunque eso no me importaba, pues la naturaleza siempre estaba ahí para darme energía.

Cuando crecí un poco, mis padres me permitieron dar paseos más largos con mi gran compañera de aventuras, una bicicleta roja Magistroni con freno de pedal. Así pude comenzar a explorar los campos que había alrededor de casa y cada día me iba un poquito más lejos con el fin de encontrar algún bicho nuevo. Ya fuera en una zona de grandes rocas, algún arroyo, hormigueros o grandes árboles, mi bicicleta terminaba en el suelo y yo reptando por ahí. ¡Ahora comprendo por qué tengo las rodillas tan estropeadas!

Pero mi verdadera y más profunda pasión por la naturaleza surgió gracias a mi padre, cuando comenzó a llevarnos a la sierra de Lobos, una extensa serranía cubierta de bosques repletos de preciosos encinares y enormes acantilados que estaba a una hora de casa en coche y como a seiscientas horas en mi bicicleta porque era cuesta arriba. Según contaba mi tío José Mena, la sierra obtuvo su nombre porque alguna vez fue el reino del majestuoso lobo mexicano, una especie endémica de hermoso pelaje que por desgracia ya no habita ni siquiera en los rincones más apartados.

Mi padre adquirió unas hectáreas en los confines de esa serranía, ubicadas en lo más alto de una montaña que eligió precisamente por la dificultad que tenía su acceso. Ir a «Los Arandamenales» (como lo bautizaron en honor a los apellidos de mis padres) era una gran aventura obligada de todos los domingos, pues organizaban un agradable picnic que se alargaba hasta el atardecer. Para llegar, había que coger una carretera que bordeaba unos profundos barrancos. Yo lo disfrutaba enormemente porque podía ver por la ventanilla a las águilas volando en las alturas. Luego, cuando entrábamos por un largo y sinuoso camino secundario por el que no se podía ir a gran velocidad, mi padre paraba un momento y nos permitía a mis hermanos, hermanas y a mí subirnos al techo de la camioneta. Era muy divertido porque teníamos que ir esquivando las ramas para que no nos golpearan la cara. Mi hermano Manu, el mayor, que se sentaba delante, gritaba «¡Ramona!» y todos nos agachábamos o girábamos para esquivar la rama. Lo malo es que como yo iba al final, ¡plas!, me daba a mí casi siempre. Poco antes de llegar al terreno había que pasar por un estrecho puente que cruzaba un embalse, y hubo un día que mi padre se enfadó mucho con mi hermano Hugo, el más travieso, pues no se le ocurrió otra cosa que saltar al agua desde el techo de la camioneta sin tener idea de la profundidad, de si había ramas o rocas. Creo que fue una de sus pocas hazañas en las que milagrosamente no se hizo daño, porque era famoso por acabar siempre lesionado. Hugo me contó que el agua era cristalina y estaba llena de peces de colores, y yo durante años me lo creí. ¡Qué inocente!

Nada más llegar al terreno, todos recorríamos a pie los límites de la propiedad como si fuera un ritual, y luego mis hermanos y mi padre jugaban un poco al fútbol. Como yo no podía correr, acompañaba a mi madre y a mis hermanas a caminar por los alrededores, y a ratos me iba a alguno de mis rincones favoritos a jugar o a visitar animales que ya conocía. Recuerdo que veía unos lagartos muy raros, con cuerpos largos y patas cortas, y también unas hermosas serpientes de cascabel a las que, por supuesto, no me acercaba tras habérselo prometido a mi padre. Había ranas, madrigueras de conejos y, en particular, me acuerdo de una simpática rata canguro, un roedor de largas patas, con un mechón de pelo en la punta de su cola, al que le daba comida y no me tenía ningún miedo. Qué alegría verla salir de su escondite; sacaba su cuerpecito y se subía a una roca a comer las nueces que le dejaba. Como siempre la veía sola, me sentía su mejor amigo, y tal vez lo fui. Cuando toda la familia terminábamos de comer bajo las encinas, íbamos andando a alguna de las tres cañadas que había, donde corría un riachuelo que conectaba con otro y luego con otro más, bordeados todos por unos altísimos acantilados de roca donde anidaban cuervos y águilas mientras que en el agua veíamos las libélulas, las tortugas y las culebras de agua.

Conforme pasaron los años llegué a conocer cada rincón de esa serranía como la palma de mi mano. Así fue mi niñez, llena de barro, aprendizajes y rescates de todo tipo de animales silvestres, aunque dos veces al año ocurría el evento más esperado: ¡vacaciones! No importaba si era al norte, al sur, al este o al oeste, mis padres nos metían a todos en esa gran camioneta Ford amarilla con capacidad para diez personas tirando de un remolque, también amarillo, con todo lo necesario para acampar con ciertas comodidades durante una semana entera en los lugares más alejados de la mano del hombre y siempre plenos de vida y belleza. Nos daban un montón de juegos de mesa, música y comida, una distracción que no era suficiente para que los cinco niños resistiéramos las más de ocho o doce horas que duraba el viaje sin aire acondicionado.

Normalmente, su plan era alternar los sitios para acampar: unas veces en la playa y otras en la montaña. El mar estaba a 800 kilómetros de casa, en las costas del océano Pacífico, donde mis padres nos llevaban regularmente. Era un sitio mágico lleno de calas con grandes olas, y una playa tan larga que un solo día no era suficiente para recorrer a pie toda la extensión cubierta de arena suave y que, sin importar que fuera de día o de noche, estaba plagado de vida. Ahí tuve mi primer encuentro con las tortugas marinas, los murciélagos y las mofetas. A veces me topaba con otros seres peligrosos o venenosos, pero en mi inocente niñez lo ignoraba, como aquella ocasión en que vararon varias decenas de serpientes marinas de un hermoso color negro y amarillo y que intentaban infructuosamente volver al agua, por lo que las recogía con las manos, las metía por montones dentro de mi camiseta y así las transportaba para lanzarlas una a una lo más lejos posible de regreso al mar. Muchos años después me enteré de que no existe antídoto para contrarrestar los efectos de su veneno. Qué suerte tuve de que no me mordieran. A veces pienso que detrás de mí va un batallón de ángeles para salvarme de mis imprudencias animalescas.

Un día alguien me dijo que lo nuestro no era «normal» y que en mi familia éramos muy «raritos». El motivo de que mis padres nos llevaran a esos sitios tan recónditos fue algo que ni siquiera me había planteado porque para mí eso era lo más normal del mundo, ya que siempre han sido unos grandes e insaciables aventureros, y en aquellos tiempos, México era un país muy seguro donde se podía disfrutar de la vida al aire libre, sin miedo de toparse con cazadores o con narcotraficantes. Si eso es ser «raro», ¡que viva la rareza!

Creo que, además de ese gran amor por la naturaleza, había dos razones de peso para que mi padre eligiera esos sitios tan singulares. La primera es que es un gran fotógrafo, una pasión que pudo compaginar perfectamente con su absorbente trabajo como médico cirujano y catedrático en la Facultad de Medicina, aparte de otras muchas actividades. Aún no me explico cómo encontraba el tiempo y la energía para hacerlo todo. Su segunda gran razón era pasar más tiempo con nosotros sin preocuparse por que le llamaran por teléfono para atender alguna emergencia médica. Imagino que tener que enfrentarse todos los días a tantas situaciones dolorosas, así como el trato tan cercano y continuo con los pacientes, hacían que necesitase poner distancia y desconectar. El contacto con la naturaleza debió de ser su medicina para sanar su cuerpo y su espíritu, algo indispensable para poder seguir salvando vidas. ¡Cuántos viajes, cuántas aventuras y cuántos accidentes tuvimos, aunque todos con afortunados finales felices!

Seguí creciendo, logré salir vivo de la complicada etapa de la adolescencia y llegó el día en que descubrí que dentro de mí llevaba atrapado a un biólogo con alma de veterinario y espíritu explorador. Así que, llegado ese momento, mis padres me apoyaron, como siempre lo han hecho, para mudarme lejos de casa y comenzar mis estudios profesionales. Vaya fiestón que hubieron de celebrar cuando su hijo más pequeño y el último salió por la puerta de su casa. Me los imagino brindando y saltando de alegría mientras gritaban: «¡Por fin solos, por fin solos!».

Comencé a estudiar biología en la Universidad de Guadalajara, donde experimenté por primera vez lo que era un seísmo de gran magnitud en un quinto piso. Mientras todo el mundo salía corriendo, aunque no lo crea el lector, yo salí al balcón y lo disfruté. Cada día aprendía cosas sorprendentes y aproveché cada momento y cada curso, salvo la biología molecular, que era mi gran dolor de cabeza.

Mi interés por los peces de arrecife me llevó al campus universitario ubicado en la paradisíaca ciudad de Puerto Vallarta, un famoso destino turístico enclavado en una de las bahías más grandes, profundas y hermosas del océano Pacífico Oriental. Ahí pasé incontables horas bajo la superficie del mar, donde por necesidad y un poco de cabezonería mía siempre rompía la regla de «nunca estar solo». Gracias a ello tuve algunas de las experiencias más increíbles, arriesgadas y espiritualmente enriquecedoras que me llevaron a concluir que los ángeles también cuidan de nosotros bajo el agua.

Aunque disfrutaba mucho trabajando a 15 metros de profundidad mientras escuchaba los hipnóticos cantos de las ballenas jorobadas, la vida me tenía preparado otro camino cuando descubrí las terribles injusticias a las que las tortugas marinas se enfrentaban (y aún se enfrentan) todos los días. Tras presenciar un acto muy cruel que evitaré mencionar por lo desagradable que fue, algo en mi cabeza y en mi corazón hizo «clic» y decidí dedicarme en cuerpo y alma a protegerlas. Así comencé a especializarme en ellas y pude dedicarme profesionalmente a estudiarlas, entenderlas y protegerlas durante más de doce años hasta que tuve que dejarlo abruptamente y me vine a España.

Fue así como fundé en Puerto Vallarta un proyecto que daba protección a las tortugas marinas. Con mucho esfuerzo conseguí que participaran los militares, las autoridades locales, la policía, las grandes cadenas hoteleras y un montón de voluntarios anónimos que me hacían posible seguir adelante. Por primera vez conseguí que todas las partes involucradas trabajaran de forma coordinada. Funcionó tan bien que en pocos años ya abarcaba prácticamente todo el territorio costero municipal y todos hacían sorprendentemente bien la parte que les correspondía. «Ya llegó el biólogo», decían cuando me presentaba en la base naval militar o en la base de la policía para dar cursos y formación para el manejo de las tortugas y sus nidos.

Me sentía arropado, seguro y muy afortunado porque cada vez eran más los nidos que se protegían y también porque lo podía complementar perfectamente durante el invierno con mi otra pasión, las majestuosas ballenas jorobadas, a las que me dedicaba profesionalmente y con las que también viví incontables aventuras. Así que cuando terminaba la temporada de tortugas, las ballenas comenzaban a llegar a la bahía, y viceversa. Ya fuera con unas o con otras, me pasaba todo el tiempo en la playa o en el mar.

El narcotráfico es, por desgracia, un cáncer que se ha

ido extendiendo por México. Puerto Vallarta comenzó a sufrirlo de forma notoria a mediados de la década del 2000, y alguna de las zonas que yo patrullaba empezó a ser frecuentada por sus redes. Por desgracia, hay muchos intereses ocultos y poderosos detrás de las tortugas marinas, como el comercio ilegal con sus huevos y su carne, pues existe la tonta e infundada creencia de que los huevos de tortuga son afrodisíacos. ¡Venga ya, señores! A eso hay que sumar el hecho de que su carne es también muy apreciada y consumida en ciertas esferas (como los narcotraficantes) como muestra de poder, ya que es una especie en peligro de extinción, cuyo consumo es un delito federal. Mientras sirven estofado de «caguama» en sus fiestas, exhiben jaguares en sus jardines.

En una sola noche, en plena temporada de anidación, podían salir a la playa varias decenas, hasta cientos de tortugas golfinas para depositar sus huevos; un proceso que les lleva unos cuarenta y cinco minutos de esfuerzo y en el que son totalmente vulnerables. Algunas tortugas anidaban en playas donde había hoteles con vigilancia, pero muchas otras lo hacían en playas solitarias, por lo que cualquier persona podía hacer lo que quisiera, desde robar unos cuantos huevos hasta coger directamente a la tortuga adulta y huir. Yo solía patrullar esas playas en una cuatrimoto; en ocasiones me acompañaba algún policía o un inspector municipal de medio ambiente, pero en general lo hacía solo. A veces llevaba las luces largas encendidas y la radio con la frecuencia de la policía a todo volumen para disuadirlos. Cuando veían las luces a lo lejos, los ladrones de huevos (llamados «hueveros») se ocultaban entre los manglares para no ser descubiertos.

A veces también aparecían los «caguameros», aquellas personas que se dedicaban a matarlas para vender su carne por encargo. Al ir observando los rastros de las tortugas, podía detectar si habían vuelto al mar o habían desaparecido. Eso significaba que se las habían llevado de la playa y el tiempo era muy valioso para encontrarlas antes de que las mataran. Era un trabajo detectivesco, pues era preciso saber interpretar sobre la arena las huellas de las tortugas, de la gente y también de los vehículos para entender qué había sucedido. En ocasiones llegaba demasiado tarde, pero en otras las encontraba vivas. No hay mayor satisfacción que salvarle la vida a una tortuga adulta tras encontrarla panza arriba, incapaz de girarse por sí misma, oculta entre la vegetación y lista para ser desollada. Las amenazas eran algo común, pero hasta entonces nunca habían pasado más allá de las palabras.

Gracias a la participación de la comunidad, la percepción general hacia las tortugas como un bien a preservar y un símbolo de la región comenzó a hacerse palpable, y tanto los colegios como las empresas me invitaban a realizar actividades de educación y concienciación. Con el paso de los años, el proyecto se consolidó lo suficiente para que existiera una cobertura importante en los medios de comunicación locales y nacionales. Una de las grandes satisfacciones que tenía en el proyecto era el voluntariado, donde tenía la oportunidad de contagiar a los entusiastas participantes mi amor por las tortugas y mis conocimientos sobre los aspectos más desconocidos de sus vidas. Es curioso que la gran mayoría de los voluntarios eran españoles y españolas con muchas ganas de ayudar.

Como cosa del destino, entre esas personas que se cruzaron en mi vida apareció Mar, quien llegó como voluntaria y se convirtió en mi mano derecha. Pobrecilla, ¡la de sustos que le di! (y la paciencia que tuvo conmigo), aunque tengo que reconocer que era muy valiente y se enfrentaba a quien hiciera falta para defender un nido en la playa. Fue como una película de comedia romántica con toques de aventura y drama, en la que la dama llega para salvar al caballero de su vida llena de aventuras pero vacía de amor, y él la salva de que unos policías estatales vestidos de civil la arresten por valiente. Entre patrullajes nocturnos, persecuciones a hueveros, noches con interminables nacimientos de crías, desmayos por agotamiento, encuentros con boas, cocodrilos y una serie de desafortunados y cómicos sucesos que vivimos juntos, nos enamoramos. Ella siempre comenta a los amigos: «Me fui por las tortugas y me quedé con el tortuguero».

Ese mismo año, un equipo de la CNN se desplazó a la base del proyecto para realizar un reportaje especial sobre la labor que realizábamos, y al poco tiempo también lo hizo la cadena coreana MBC, con quienes también pudimos hacer un excelente reportaje de investigación y denuncia. Ahí comenzaron los problemas más graves. Afortunadamente, contaba con buenos amigos y uno de ellos me advirtió de que dejara de patrullar en una zona que se había vuelto muy peligrosa porque la consideraban «tierra de nadie», debido a su ubicación en la desembocadura de un río que separaba dos estados y que, para complicar más las cosas, estaba rodeada de manglares; un lugar ideal para que llegaran cargamentos de drogas desde el mar.

Tras recibir frecuentes denuncias ciudadanas por el robo de huevos en sitios que normalmente disponían de una buena vigilancia, comencé a investigar dónde y cómo estaban «desapareciendo» todos esos nidos y huevos de tortuga tras ser recolectados por la policía. Por desgracia, descubrí que algunos agentes estaban involucrados en el robo de grandes cantidades de huevos diariamente. No era algo fortuito y había cierto grado de planificación en la operación, pues se utilizaban vehículos oficiales. Fue entonces cuando decidí hacer una denuncia pública e inmediatamente las autoridades me retiraron todo su apoyo.

Al día siguiente recibí la llamada de dos buenos amigos. El primero fue un mando de la Naval quien siempre me había apoyado y al que admiro por ser un hombre íntegro. Me dijo que había recibido órdenes de no darme ninguna clase de apoyo, que lamentaba dejarme solo y que me cuidara mucho. La segunda llamada fue de un mando intermedio del municipio quien, tras preguntarme cómo había logrado cabrear tanto a los «jefes», me advirtió de que esa misma noche irían a por mí y que no volviera a patrullar.

Mar había tenido que volver a España por motivos personales, así que la llamé y juntos tomamos una decisión que me cambió la vida. Arreglé todos los temas que tenía pendientes, pasé unas semanas con mi familia, llené mi maleta de libros e ilusiones y volé hasta Madrid, donde Mar me esperaba con una comitiva de amigos que me hicieron sentir como en casa.

Al llegar a Alicante sentí una felicidad que no recordaba y pude revivir aquellos tiempos en los que se podía salir de casa a cualquier hora sin miedo y la policía estaba para ayudarte de verdad. Quedé maravillado por las cristalinas aguas del mar Mediterráneo y su hermoso color azul. Al poco tiempo me centré en encontrar un trabajo como biólogo, aún en plena crisis. Dos años después seguía sin trabajo y tenía varias ofertas en Puerto Vallarta, donde parecía que las cosas ya se habían calmado. Mar y yo decidimos volver, pero esta vez en plan familiar, es decir, que viajamos con nuestras dos hijas perrunas y nuestra gata octogenaria. Nuestra familia de México nos acogió feliz de que hubiéramos vuelto, y tras pasar una temporada con ellos nos mudamos de nuevo a Puerto Vallarta, donde montamos una veterinaria (que funcionaba sobre todo como ONG para los animales de la calle y las mascotas de familias sin recursos), y yo me dediqué otra vez a las ballenas jorobadas como guía especializado.

De todas las aventuras que vivimos en esos casi dos años que estuvimos en México podría escribir un libro entero. Una de las anécdotas sería que comencé a trabajar como inspector federal de medio ambiente (el equivalente a SE-PRONA), pero a los cinco meses de haber comenzado me vi obligado a renunciar y de nuevo tuvimos que volver deprisa y corriendo a España porque ya estaba amenazado de muerte por «gente de adentro» y también me buscaba «gente de afuera», todo por hacer bien mi trabajo. En fin, es una pena, pero al final de la historia todo son experiencias. «Prueba y error», como se suele decir.

Regresamos a España con la familia ampliada, pues adoptamos un labrador ciego muy enfermo y bonachón que nos da muchas alegrías. Tras volver, nuestros amigos me abrieron sus brazos y me acogieron cariñosamente apenas llegar. Nuestro gran amigo Ramón Martín, un reconocido paisajista alicantino, me dio la oportunidad de ayudarle con sus proyectos de jardinería, y retomé de nuevo mi pasión olvidada por las plantas. Pude recordar a ese niño que aprendió con su madre a hacer bonsáis y a cuidar rosales, conecté con ese joven que cuidaba los jardines de casa y recordé a ese estudiante universitario que para obtener un poco de dinero para comprar libros especializados hacía unos arreglos con bonsáis que quitaban el sentido.

Ahora, ese biólogo que sólo arriesga su vida cuando se sube a los árboles es un feliz jardinero que sigue en contacto con la naturaleza, haciendo su trabajo al aire libre y disfrutando de cada ave y cada artrópodo con el que se topa, intentando inculcar a la gente la idea de que hay otras alternativas a los pesticidas y de que las procesionarias no son seres enviados del inframundo sino unas simpáticas orugas con hábitos familiares que cumplen una importante función en la naturaleza.

Además, me encanta mi trabajo porque lo puedo combinar con la divulgación. Sigo escribiendo para una revista mexicana y también lo hago en mi blog, donde intento hacer que la gente cambie un poco la forma de ver la naturaleza bajo el lema «proteger y respetar, para siempre disfrutar».

En fin, hemos llegado al punto en el que estoy contándole un poco de mí y rememorando cómo ha sido mi vida entre los árboles y muchos, muchísimos otros animales singulares que nunca dejarán de fascinarme. Aquí comienza un viaje repleto de anécdotas divertidas, de leyendas, de historias, de tradiciones y curiosidades de algunos seres con los que he tenido la fortuna de toparme desde mi niñez hasta mi vida adulta.

1
Los árboles mágicos y espirituales

¿Conoce usted algún árbol generoso? Probablemente se haya topado con alguno en innumerables ocasiones, cuando, agobiado por el calor, buscó debajo el cobijo de su desinteresada sombra. La sombra, que definiré como «protección», es sólo una de las incontables virtudes que tienen las plantas; todas, sin duda, ejemplos de vida.

Supongo que gracias a esas virtudes maravillosas, todas las culturas alrededor del mundo, con costumbres tan distintas como los lugares donde vivían, han coincidido a través de nuestra historia en el valor sagrado y espiritual que tienen los árboles, resaltando atributos tan distintos como el amor, la inmortalidad, la justicia divina o los vínculos espirituales que tienen con el resto del universo.

Investigando un poco sobre las especies de árboles que han sido representados, venerados o inmortalizados en la historia humana, se cuentan alrededor de 55 especies, aunque, para ser justos, creo que no necesitamos tener una ceiba (mayas), un roble (celtas) o un laurel (griegos) para establecer un vínculo con ellos. No importa si creemos en las energías o si somos poco espirituales: es innegable que los árboles nos regalan algo más que su frondosa belleza. Simplemente con sentarnos debajo de un árbol cualquiera, aunque no seamos conscientes de ello, de inmediato sentimos paz, ya sea por la sensación de bienestar y relajación o por haber establecido una conexión invisible con él.

Le invito entonces a dejarse llevar por un instante y que piense en lo mucho que los árboles nos regalan, desde un momento de paz hasta la inspiración y la energía necesarias para terminar nuestro día con alegría. Inténtelo, ¡abrace un árbol y llénese de vida!

¿Cuánto nos parecemos a las plantas? Volvamos un momento a nuestro mundo cotidiano, ese mundo urbano lleno de gente tan distinta y variada como las piedras de un río. Recuerdo que una vez, para romper la monotonía de una reunión entre amigos, se me ocurrió preguntar si alguien se identificaba con los atributos de las plantas. ¿A quién no le gustaría ser, por ejemplo, totalmente autosuficiente y no tener que comprar y cocinar su comida todos los días? ¡Simplemente con echarnos al sol y beber un poco de agua tendríamos asegurada la merienda! Las respuestas que escuché, además de graciosas y originales, me sorprendieron tanto que me hicieron pensar que a veces nos comportamos como las plantas. Ahora le pido a usted, mi estimado lector, que pare de leer un momento y piense: ¿con qué planta se identifica?

¿Es acaso fuerte como el roble o flexible como un junco?, ¿o tal vez delicado como una flor?, ¿quizá sea un poco picante como la guindilla?, ¿o acaso tan relajado como la valeriana? Sé que no es su caso, pero podría conocer a alguien que siempre está a la defensiva como los cactus, o se haya topado con alguien que le resulte tan irritante como una ortiga, o lo que es peor, con personas parásitas, que se aprovechan de otros para sobrevivir e incluso te huelen a distancia, intentando robarte lo que pueden, desde tu propia energía hasta tu cartera. Como ocurre con las malas hierbas en un jardín, nunca faltan en el vecindario los cotillas que siempre aparecen donde no les llaman; y qué decir de los típicos «cebollas» que esconden bajo muchas capas su verdadera personalidad y que tarde o temprano pueden hacerte llorar.

Dejo para el final uno de esos casos que nadie se quiere encontrar: el árbol estrangulador, que comienza como una inocente plantita que va creciendo y creciendo a nuestro alrededor, hasta que, cuando intentamos reaccionar, ya nos tiene atrapados y tan agobiados, que sentimos que nos quita el oxígeno y hasta las ganas de vivir. Menos mal que existen los grandes amigos y familiares, así como los psicólogos y los médicos, quienes funcionan, por así decirlo, como nuestros jardineros de cabecera, capaces de arrancar de raíz nuestros problemas: nos podan, nos fumigan y nos abonan hasta que sacamos nuevos brotes verdes y sanos, listos para salir de nuevo a tomar el sol.

Pero mejor pensemos en positivo. Pensemos en aquellas cualidades vegetales que nos hagan desear de verdad ser como una planta; ésas que nuestros antepasados admiraban tanto: la perseverancia, la sencillez y la generosidad, por ejemplo, que son atributos que la humanidad necesita en demasía y que en el mundo de las plantas están por todas partes. Por citar algún ejemplo: las plantas, aunque no puedan cambiar su residencia, aceptan humildemente el lugar donde han nacido y se adaptan a él. Saben que pueden llegar tan alto como quieran y se dedican a acercarse al sol, intentando alcanzar el cielo y las estrellas, aunque para lograrlo tarden toda la vida. «Recuerda que lo importante no es crecer deprisa, sino con firmeza», le dijo el roble a la hiedra.

Desde pequeño fui muy afortunado, pues mis padres nos enseñaron a mis hermanos y a mí, con gran pasión y con mucha paciencia, a amar la naturaleza, a admirar la libertad de un cielo estrellado y a disfrutar de la vida misma que nos abraza en cada respiro, aunque era incapaz de imaginar lo complejas que son las relaciones de los árboles y plantas con lo que los rodea.

Gracias a tantísimos viajes de acampada que hice con mi familia, pude recorrer a lo largo y ancho mi querido México donde nací, explorando sitios de gran exuberancia y belleza. Recuerdo que tras una larga caminata en busca de venados (ciervos), nos tumbábamos en medio del bosque, bajo la sombra de esos enormes y rectos abetos llamados por su nombre indígena: *oyamel*. Ahí pasábamos mucho tiempo, entregándonos al fabuloso hábito de no hacer nada más que disfrutar de la naturaleza. Mirábamos los dibujos de luz que el sol creaba al atravesar sus ramas mientras escuchábamos el poderoso eco del tamborileo de los pájaros carpinteros picoteando en la distancia alguna rama seca en busca de larvas de insectos.

Mientras estaba ahí tumbado, echando a volar mi imaginación de niño, no era consciente de la complejidad de las relaciones entre árboles y animales, e ignoraba que, a diferencia de lo que nos enseñaron en la escuela, los árboles que habitan los bosques no están compitiendo agresivamente entre sí por la luz y los nutrientes, al contrario. Son seres que, más allá de luchar entre sí, se reconocen, se comunican y cooperan unos con otros, demostrando conciencia de sí mismos, de su propia especie y respondiendo a los estímulos de su alrededor. No es que mi amor por las plantas me haga querer verlos como seres inteligentes, sino que ya se ha dicho antes y en innumerables ocasiones, aunque muy pocos se lo han tomado en serio... hasta ahora.

Raoul H. Francé, un eminente botánico austrohúngaro, decía a principios del siglo XX que «el hombre piensa que las plantas carecen de movimiento y de sensibilidad porque no se toma el tiempo para observarlas», y afirmaba que «las plantas mueven sus cuerpos tan libre, fácil y graciosamente como lo hacen los animales o los humanos más habilidosos». Sin duda alguna, para nosotros el movimiento de las plantas es algo difícil de observar a simple vista, ya que el tiempo que les lleva hacerlo es tan largo que simplemente está fuera por completo de la escala humana. Y, sin embargo, ¡se mueven!

En el caso de la inteligencia de las plantas ocurre lo mismo, pues a pesar de que, al igual que nosotros, son capaces de percibir su entorno y reaccionar a él, lo hacen de una forma distinta a la nuestra, y como carecen de un sistema nervioso y un cerebro tal como lo conocemos en el mundo animal, simplemente rehusamos a aceptar su inteligencia. Y, sin embargo, ¡son inteligentes!

Durante mi infancia, y como parte de mis extraños hábitos de ver documentales de naturaleza que aburrirían a cualquier niño al minuto cero, un día vi uno por televisión que me dejó particularmente impresionado y aún lo recuerdo muy bien, aunque debo reconocer que lo que me impresiona aún más es que todavía me acuerde de él, dada mi asombrosa capacidad de olvidar las cosas que han ocurrido hace apenas unas horas. El documental se llamaba *La vida secreta de las plantas* (1978) y estaba basado en el libro *The Secret Life of Plants*, publicado cinco años antes, aunque yo debí de verlo a finales de los años ochenta. Este libro y, más tarde, el documental causaron tal sensación y controversia a nivel mundial que se hicieron famosos por documentar la utilización de algunas herramientas y métodos poco ortodoxos, como un detector de mentiras conectado a las hojas de las plantas, que reaccionaban a estímulos visuales o audibles, y a veces a lo que podría llamarse malos o buenos pensamientos. El libro afirmaba, con un estilo muy particular, que las plantas son perfectamente capaces de sentir dolor y placer, y además sugería que pueden comunicarse más allá de los límites planetarios y que son capaces de leer nuestra mente. Imagínese, por muy raras o exageradas que pudieran resultar tales afirmaciones, cómo mi mente de niño quedó fascinada.

El libro, con un toque místico y espiritual, fue sobradamente criticado por la comunidad científica y calificado como pseudociencia. Pero a pesar de que muchas de las afirmaciones que ahí se hacían fuesen desacreditadas, el libro gustó al creciente movimiento hippy de la época y se puso de moda reproducir música a las plantas para hacerlas más felices.

Lo bueno del libro es que rescató información histórica importante sobre los hasta entonces escasos esfuerzos por comprender a las plantas; y así como esta idea me resultó fascinante a mí, hubo también algunas personas y científicos prestigiosos que se tomaron en serio el estudio de la sensibilidad e inteligencia de árboles y plantas.

Más de treinta años después, ese niño que quedó impactado por el contenido del documental, que había crecido y se había formado como biólogo, comenzó a ver cómo iban saliendo a la luz modernas investigaciones que confirmaban la existencia de un equivalente a nuestro sistema nervioso en las plantas y que, efectivamente, son capaces de tomar decisiones y coordinar su comportamiento. Lo llamaron «neurobiología vegetal», aunque a mí me gusta más el término «planteligencia». Ahora ya no me da miedo que me tachen de loco cuando señalo un árbol y digo que es una especie «muy planteligente».

No sé si lo habrá notado, pero intento otorgarle el mismo nivel de importancia tanto a plantas como a animales. Hace tan sólo unas líneas atrás comenzaba esta enmarañada historia diciendo que las plantas se reconocen, se comunican y cooperan, que también son conscientes de sí mismas, de su propia especie y de lo que las rodea, y que son perfectamente capaces de responder y adaptarse. Todo tiene sentido si tenemos en cuenta que, dado que no pueden desplazarse para buscar comida o refugio, han necesitado desarrollar sistemas sensitivos tremendamente complejos para poder localizar comida sin moverse de su sitio, o identificar sus amenazas.

Ahora se sabe que no sólo se comunican liberando al aire sustancias químicas que funcionan como mensajes telegráficos, sino que también se comunican a través de las raíces, tal como lo hacían los árboles de Pandora en la película *Avatar* (2009), que se basó en el concepto denominado «Wood-Wide-Web», el internet de las plantas descrito a finales de los noventa.

Es muy fácil de entender si visualizamos el bosque como una red de internet. En esta analogía, el bosque estaría repleto de familias, compuestas por miles de árboles de distintas especies, que serían sus miembros. A través de esta intrincada red de comunicaciones, los de mayor edad no sólo cuidan de los más jóvenes, sino que les ayudan a crecer compartiendo nutrientes, tienen amigos y se mantienen al día en cuanto a las plagas y los peligros que pudieran presentarse. Todo esto puede sonar inverosímil, pero ¿por qué no?

Tal vez haya visto la película *El incidente* (2008), donde la gente enloquece y comienza a suicidarse bajo la influencia de una misteriosa toxina que aparece de pronto en el aire. Conforme avanza la película se va descubriendo que son las plantas las que están produciendo esa toxina al considerar que el ser humano se está convirtiendo en una amenaza para el planeta. Ésta es una historia ficticia surgida de la prodigiosa imaginación humana, pero aunque aún no ha ocurrido con las personas, esto pasa continuamente con los animales en todo el planeta; las plantas son capaces de defenderse, ¡y lo hacen muy bien!

No esperemos, por supuesto, que comiencen a golpearnos con sus ramas a la primera oportunidad, o que se rebelen en contra de los humanos, como en la famosa aunque bastante mala película de comedia *El ataque de los tomates asesinos* (1978). Más bien, lo que hacen es algo más sutil y tremendamente eficiente. Algunas producen químicos tóxicos en sus hojas para evitar que se las coman las orugas; el látex y la resina de infinidad de árboles y plantas son uno de los ejemplos más sencillos. Las hojas de algodoncillo (*Asclepias curassavica*) son el alimento de las orugas de la mariposa monarca, quienes, por cierto, han sido capaces de almacenar ese veneno en sus cuerpos sin morir, para así volverse tóxicas y evitar que las aves se las coman. Pero hay plantas que han dado un paso más: cuando detectan que hay insectos alimentándose de ellas, liberan al aire feromonas que atraen a sus depredadores naturales, ya sean avispas o aves, como ocurre con la planta del maíz (*Zea mays*). En efecto, esta planta con la que todos estamos familiarizados ¡es perfectamente capaz de defenderse por sí sola!

Tal vez el caso más impactante sobre plantas que se defienden sea el de los árboles de acacia en Sudáfrica cuando, en ocasiones, sufren un incontrolado pastoreo de sus hojas por parte de rumiantes silvestres. El caso más extremo mató alrededor de tres mil antílopes kudú (*Tragelaphus strepsiceros*), intoxicados por altas concentraciones de ácido tánico, una sustancia que normalmente poseen las acacias en porcentajes suficientes para controlar el ataque de insectos, pero que dado el sobrepastoreo que estaban sufriendo, produjeron en mayor cantidad para defenderse de esos grandes animales. Lo curioso del hecho, más allá de la evidente tragedia que supuso la muerte de tantos kudúes, fue que luego se descubrió que aquellos árboles de acacia que estaban a salvo también habían incrementado el contenido de taninos. De alguna forma, aquellos que sufrían el ataque alertaron a sus congéneres.

A diferencia de algunos animales que descaradamente nos manipulan (como nuestros gatos, a los que adoro y rindo pleitesía), las plantas son mucho más discretas cuando se trata de conseguir sus objetivos. Son capaces de engatusar o secuestrar a otros animales con el simple propósito de perpetuar su especie o protegerse. Los ejemplos más sencillos son las flores, que atraen polinizadores para que las fertilicen, y los frutos, que son un cebo para que sus semillas puedan dispersarse. Se me ocurren muchos ejemplos sorprendentes, pero me reservaré uno de los más interesantes para otro capítulo: hablaré precisamente de una especie de acacia; en particular, de un árbol tropical que tiene a su servicio a todo un ejército de hormigas que lo defienden agresivamente no sólo contra quien ose tocar sus hojas o ramas, sino también contra cualquier planta que quiera crecer debajo. Y tras lo expuesto, me pregunto: ¿seguimos pensando que no son inteligentes?

2

El pulpo que me cambió la vida

Hablando de inteligencia incomprendida y del incomprendido sistema nervioso de las plantas, de pronto aparece un pulpo para recordarme que también en el mundo animal hay aún seres con una inteligencia superior. Ésta es mi historia sobre un pulpo con el que tuve la oportunidad de interactuar en su hábitat natural. Nos encontramos accidentalmente, cara a cara, entre unos corales a 15 metros bajo la superficie del mar. A partir de ese día mi vida cambió y no fui capaz de volverlo a ver como un mero alimento, ni puedo concebir comerme a un ser tan inteligente e incomprendido como él.

Nuestro encuentro ocurrió hace ya mucho tiempo, mientras hacía un censo de peces de arrecife, en unas hermosas islas del océano Pacífico. Esa mañana estaba buscando trambollos (familia *Chaenopsidae*), unos pequeños y simpáticos pececillos que viven escondidos en conchas vacías, percebes o cualquier orificio tubular lo suficientemente grande y profundo para ocultarse en él. Son muy pequeños, exclusivos de aguas tropicales y subtropicales de América, cuyos ornamentos en el cuerpo y colores llamativos los hacen muy atractivos para los submarinistas, aunque como sólo acostumbran a asomar su cabeza y su gran boca, son muy difíciles de encontrar. Finalmente localicé a uno, una especie que no había registrado aún, y fue tanta mi emoción que, para observarlo en detalle, solté el lápiz y la pizarra que llevaba atados a mi muñeca para hacer anotaciones. No había pasado ni un minuto cuando de pronto comencé a sentir cómo «algo» tiraba del lápiz insistentemente, como queriendo llamar mi atención.

Y ahí estaba un joven pulpo (*Octopus hubbsorum*), escondido tímidamente en una cavidad, asomando un poco sus hermosos ojos con pupilas rectangulares y uno de sus brazos, en el que sostenía con firmeza mi lápiz. A pesar de las persistentes corrientes, pude arreglármelas para sujetarme con una mano y jugar con él con la otra. Era tal su curiosidad que decidió abandonar su guarida casi por completo y salir a examinar mi lápiz, luego la pizarra y, por último, mi mano desnuda. Recorrió cada centímetro de mi mano mientras la iba «palpando» suavemente con sus ventosas, que en realidad para ellos son el equivalente a nuestra lengua humana. Sí, son pulpos que tienen 1.600 lenguas ¡y éste acababa de chupetearme la mano entera!

Quedé sorprendido de su capacidad para manipular el lápiz, y de la fuerza con la que tiraba de él, intentando separarlo del cordón al que estaba atado. No hacía falta que dejara de mirarme para concentrarse en robarme el lápiz, lo que me llamó la atención. Luego supe que en la base de cada uno de sus brazos, a los que erróneamente llamamos tentáculos, tienen un cerebro, además del principal que tienen en su cabeza. Pude entender entonces por qué son tan listos, pues cada brazo puede realizar acciones independientes y tomar decisiones propias sin tener que molestar a su gran cerebro, dedicado a pensar, probablemente, en por qué no somos capaces de entenderlos.

Pasaron varios minutos que dediqué, segundo a segundo, a disfrutar y a jugar con él. Fue muy divertido, aunque debo reconocer que conforme pasaba el tiempo ganaba más confianza en sí mismo, y por supuesto en mí, ese misterioso visitante enmascarado que llevaba un lápiz molón. Debía continuar mi trabajo, así que, con gran pesar y un inmenso sentido del deber, intenté volver a mi censo de peces, suspendido temporalmente por un cefalópodo curioso. Me costó recuperar mi lápiz, pero más la concentración, ya que no podía olvidar su mirada inquisitiva, como de un ser consciente de sí mismo y de su entorno.

Desde entonces me quedó muy claro que los pulpos son más inteligentes de lo que creemos, y me entregué a la tarea de investigar más sobre ellos. Descubrí que, además de sus nueve cerebros, disponen de tres corazones, y que algunos tienen sangre azul. Cuanto más leía, más descubría que, así como me ocurrió a mí, había muchas personas más que quedaban cautivadas e igualmente intrigadas por cómo un molusco podía ser capaz de tomar decisiones y realizar acciones sumamente complejas, tan complejas que eclipsaban las famosas habilidades de un chimpancé o un delfín.

Se dice por ahí que son seres de otro mundo. ¿Cómo puede ser que un animal invertebrado, pariente de caracoles y almejas, tenga tal inteligencia? Encontrar la respuesta no ha sido nada sencillo, los científicos se han topado con un animal obstinado al que no le gusta cooperar para desvelar sus secretos, que sabotea pruebas y experimentos, escapando de sus confinamientos sin que nadie lo vea, y lleva al límite la paciencia de quienes intentan estudiarlo.

Al parecer, el problema radica en que no es un animal cualquiera, y por ello no puede ser estudiado a través de métodos convencionales, ni tampoco puede ser interpretado mediante los mismos fundamentos que se utilizan para estudiar otros animales, ya que su inteligencia, o el procesamiento de sus pensamientos, se lleva a cabo de una forma totalmente diferente a la nuestra. Ese procesamiento es tan sorprendente y distinto, que a los pulpos también se los denomina animales alienígenas, o animales de otro mundo, más allá de que su apariencia haya inspirado a los creadores de algunos de los monstruos más famosos de Hollywood.

Por lo visto, desde hace mucho mucho tiempo, los pulpos y su comportamiento siempre han estado en el centro de la polémica, iniciada probablemente por Aristóteles, el padre de la biología, quien los calificó como «criaturas estúpidas». Me sorprende un poco esa conclusión tan precipitada, aunque teniendo en cuenta que ocurrió hace más de 2.300 años, no debería asombrarme, pues el conocimiento que se tenía entonces de la inteligencia de los seres vivos era muy limitado.

Por el contrario, una treintena de reconocidos científicos de todo el mundo publicaron en 2018 un controvertido artículo titulado «Causa de la explosión del Cámbrico: ¿terrestre o cósmica?», en el cual, tras un análisis extraordinariamente complejo y exhaustivo, sugieren que la inteligencia de los pulpos puede deberse a la influencia de un virus extraterrestre. Puede ser eso, o que simplemente los pulpos han tenido mucha suerte.

Lo único que sabemos a ciencia cierta es su historia evolutiva de más de 500 millones de años, que poseen el cerebro más grande de todos los invertebrados (y de algunos peces y anfibios) y que dos terceras partes de su sistema nervioso se encuentran situadas en sus brazos.

Actualmente se ha concluido que los pulpos pueden ser zurdos o diestros y que prefieren utilizar alguno de sus dos ojos para centrar su atención en algo. Sabemos que son capaces de utilizar herramientas, tal como lo hace un reducido número de vertebrados, y también sabemos que, lo mismo que nosotros, tienen la asombrosa capacidad de recordar y aprender, aplicando sus experiencias anteriores para resolver nuevos retos.

¿Era acaso, ese pulpo que conocí, capaz de reconocerme? Ahora entiendo que sí, que en efecto son capaces de identificarnos como individuos, y aquellos pulpos que conviven regularmente con seres humanos se comportan de forma distinta y distinguen entre sus cuidadores habituales y los desconocidos que se acercan por primera vez.

¡Hay tanto que aprender de ellos! Nosotros seremos los más inteligentes en el mundo de los vertebrados, pero sin duda los pulpos son nuestro equivalente en el mundo de los invertebrados. Probablemente no exista otro animal tan distinto a nosotros y a la vez tan parecido, y es una lástima que estos increíbles animales sean vistos sólo como una fuente de alimento, lo que me lleva a formular una última reflexión.

Es bien conocido que las madres pulpo dedican toda su energía cuidando los huevos hasta que nacen. Literalmente, dan su vida para proteger a su descendencia, ya que dejan de alimentarse hasta morir exhaustas. Nosotros también estamos dispuestos a hacerlo (o al menos la mayoría de nosotros), con la gran diferencia de que continuamente estamos transmitiendo nuestros conocimientos y habilidades, por lo que gran parte de nuestro aprendizaje y nuestras costumbres es adquirida de generación en generación. En cambio, una madre pulpo es incapaz de transmitir sus conocimientos, ya que ella muere justo cuando sus hijos salen del huevo, por lo que cada nueva generación tiene que comenzar de cero y aprender por sí misma las bondades y dificultades de la vida. Si las madres pulpo centran todos sus esfuerzos en asegurarse de que sus vástagos nazcan, seguramente lo hacen porque están confiadas en que sus hijos serán, como lo han demostrado, ¡unos verdaderos genios del mundo animal!

Cuando le cuento a mi mujer mi inolvidable encuentro con el pulpo, ella se queda triste porque al final no le dejé el lápiz. Está segura de que habría disfrutado de ese novedoso juguete y que habría sabido sacarle partido. Tal vez habría aprendido a dibujar, creando verdaderas obras de arte; o tal vez, con su gran ingenio, habría creado un sistema de escritura para comunicarse con nosotros y darnos algunas buenas lecciones sobre ética o ecología.

3
Las orcas ingeniosas

Ahora le invito a que aguante un poco más la respiración, pues seguiremos sumergidos en ese mundo tan misterioso e incomprendido como es el mar, y que es a la vez tan profundo y maravilloso. De pronto, ocultas en la inmensidad de la nada oceánica, surgen las orcas, que han utilizado su ingenio para convertirse no sólo en los máximos depredadores del mar, sino en un gran ejemplo de lo que significa la unión familiar, el verdadero trabajo en equipo y la lucha por la supervivencia.

Debo confesarle, mi estimado lector, que pocas historias de animales me conmueven tanto como la de las orcas. Si escribiera un libro sobre la historia de la relación hombre-orca, la mayoría de los capítulos podrían ser catalogados como escalofriantes. A pesar de que en la actualidad son consideradas «las embajadoras de los ecosistemas marinos» y son adoradas por los niños, la realidad a la que se enfrentan cada día «allá afuera», en el vasto mar, es verdaderamente difícil.

Para simplificar el complejo entramado que hay detrás, debemos distinguir que aunque todas son una misma especie, existen unas doce poblaciones distintas alrededor del mundo, y cada una de ellas posee unas características físicas, unas costumbres y un lenguaje propios. Algunas de estas poblaciones, conocidas como «ecotipos», están en peligro crítico de desaparecer, como la de Nueva Zelanda, con poco más de cien individuos, o la que habita en las costas del Pacífico de Estados Unidos y el sur de Canadá, con alrededor de setenta. Como si fueran conscientes de su destino, una familia de orcas asistió, durante el verano de 2018, a una veterana madre orca llamada Tahlequah cuando dio a luz a una cría y le hicieron compañía cuando ésta murió media hora después. Tahlequah, también llamada J35 por los científicos, continuó el ritual sola y se hizo famosa en los medios por llevar a cuestas a su cría muerta durante diecisiete días y más de 1.800 kilómetros. Los medios mostraron dramáticas imágenes sobre cómo la mantuvo cariñosamente siempre a flote sobre su cabeza, negándose a aceptar su muerte. Siguiendo de cerca este caso, la comunidad científica confirmó que las orcas, al igual que nosotros y muchos otros animales, guardan luto por sus seres queridos.

A pesar de mostrar una profunda conciencia de sí mismos y de los miembros de su familia, para muchas personas siguen siendo animales «salvajes y crueles». La complejidad de sus relaciones con los humanos se debe básicamente a su dieta. Están las residentes, que se alimentan exclusivamente de peces, de hábitos costeros y territorios restringidos, tal como ocurre con las orcas españolas en el estrecho de Gibraltar, o las que habitan en las costas de Noruega. Luego están las comúnmente llamadas oceánicas, que pueden alimentarse de mamíferos marinos y peces de todos los tamaños; son las más desconocidas por la dificultad de estudiarlas. Finalmente están las nómadas: grandes viajeras sin territorio propio, acostumbradas a alimentarse de mamíferos marinos, desde las pequeñas focas hasta las gigantescas ballenas azules.

Los riesgos de alimentarse de mamíferos marinos son muy altos, pero les compensa la gran cantidad de energía que obtienen de ellos. Para entenderlo mejor, pondré el ejemplo de aquellas nómadas que se alimentan de las crías de ballena jorobada, con las que tuve la oportunidad de interactuar en varias ocasiones. Imagínese que un ballenato recién nacido puede medir más de 3 metros y pesar cerca de una tonelada. A pesar de su gran tamaño, es bastante torpe y debilucho, por lo que necesita de la continua asistencia de su madre. Si por alguna razón se separan, estará totalmente indefenso. Desde el momento en que nace, su madre le proporcionará cada día unos 70 litros de leche rica en grasas, lo que le permitirá crecer extremadamente rápido (unos 3 centímetros y alrededor de 50 kilos cada día). ¡Eso son muchas calorías!

Por este motivo un ballenato resulta una comida fácil, y el mayor problema al que se enfrentan es separarlo de su madre, que mide unos 15 metros y no estará dispuesta a abandonarlo ni un solo segundo. Para lograrlo, las orcas necesitan lo que yo considero cuatro elementos básicos: paciencia, estrategia, sigilo y mucha mucha suerte.

Debo explicar que viven y conviven en un grupo social de muchos individuos, guiado por la hembra más vieja y experimentada, pero para cazar se separan en grupos más pequeños llamados clanes. Los clanes que yo observé durante tres años nunca superaron los ocho individuos, y cuando entraban en la bahía en busca de alimento se dividían aún más, en grupos de dos o tres miembros.

Aunque mis encuentros con las nómadas fueron muy breves, recuerdo que fueron tan intensos que me dejaron marcado desde aquella primera vez en que las vi emerger y asomar esa aleta dorsal que cortaba elegantemente la superficie del agua. Recuerdo que en cuanto las vi me transmitieron un poderío soberbio, algo así como una energía sobrenatural que va más allá de sus límites acuáticos, y me dejaron claro que aunque estuviese ahí, montado en una embarcación, ¡ellas eran las reinas del océano!

La primera vez que las vi fue durante el invierno de 2003, en la bahía de Banderas (México) mientras hacía de guía de turistas en un barco para observar ballenas jorobadas y sus crías, una actividad que tuve la suerte de desarrollar todos los inviernos hasta el año 2014. Era un trabajo agotador, pero pasando tantas horas diarias en alta mar, el cansancio era gratamente recompensado gracias a las no pocas oportunidades que tuve de observar animales raros y situaciones todavía más extrañas, como mis encuentros con las orcas. Aún siento emoción al recordar ese día, y no hay mejor forma de compartir lo vivido que transcribiendo las anotaciones que hice en mi bitácora:

Puerto Vallarta, a 8 de marzo de 2003

08.45 horas. Es un día tranquilo y nublado, con el mar en calma. Salimos del puerto con rumbo noroeste, hacia las islas Marietas. Esperamos tener suerte y encontrar más ballenas hoy. Ayer estuvieron muy poco activas y difíciles de observar. El capitán nos comunica que esta mañana los pescadores de Punta Mita informaron haber visto orcas ayer por la tarde fuera de la bahía, en la zona conocida como «El Morro».

09.30 horas. A unas 6 millas de la costa observamos un soplo y desviamos nuestro rumbo para examinarlo. Ya en la zona donde lo vimos, paramos los motores y esperamos 15 minutos. La ballena no apareció, por lo que decidimos lanzar el hidrófono para comprobar si al ser una ballena solitaria sería un cantor. Lo sumergimos unos 3 metros y no se escuchaban cantos, y antes de sacarlo decidimos soltar los 12 metros de cable y detectar así otros cantores en la zona. No se oía ningún canto en la distancia y decidimos dejarlo ahí otros 5 minutos mientras les explicábamos a los clientes el porqué de los cantos y cómo es que cantan las ballenas. Tras la charla y algunas preguntas, los clientes ya comienzan a inquietarse, pues han pagado para ver y fotografiar ballenas. Sin perder más tiempo, recogemos el hidrófono y partimos, recuperando nuestro rumbo original hacia las Marietas, donde las probabilidades de encontrar ballenas son más altas en días como hoy.

10.18 horas. Isabel va de pie en el pontón de babor y yo en el de popa. Seguimos buscando soplos en el horizonte, y aunque cada cual debe concentrarse en un lado, no puedo evitar mirar hacia babor, e Isabel hace lo mismo con mi lado. De pronto, frente a nosotros, a unos 200 metros, dos grandes aletas dorsales aparecieron unos instantes en la superficie, desapareciendo rápidamente. «¿Son orcas?», preguntó Isabel, la experimentada oceanóloga, al capitán, mientras me miraba con ojos escépticos. El capitán detuvo la marcha, mientras los clientes intentaban levantarse de sus asientos para ver algo en el horizonte. «*Please, be patient!*», les decía Isabel insistentemente para evitar que impidieran la visión frontal al capitán. Yo me subí al mirador intentando tener una mejor perspectiva y, mientras me acomodaba junto a la antena de la radio VHF, escuchamos dos «pufff» cortos, uno seguido de otro. ¡Vaya sobresalto! No pudimos evitar asustarnos cuando aparecieron justo frente a nosotros, a unos 30 metros de distancia, y pasaron sin inmutarse una a cada lado del barco, con rumbo contrario al nuestro. Isabel gritaba emocionada: «*Killer whales! Killer whales!*». El tamaño de sus aletas dorsales nos permitió a Isabel y a mí concluir rápidamente que eran dos machos. La emoción no se dejó esperar y los clientes sacaron sus cámaras para inmortalizar el suceso, aunque con el sobresalto, y como suele ocurrir, nadie llevaba listas sus cámaras. Isabel y yo estábamos pletóricos y con el corazón a mil. Para mí era la primera vez que las veía, y aunque ella ya las había visto un par de años antes, estaba igual de emocionada que yo.

10.22 horas. Comenzamos a seguirlas en avante para no adelantarnos demasiado, y en cuanto volvieron a salir a respirar, decidimos acercarnos a una de ellas colocándonos detrás. Ambas llevaban el mismo rumbo y, tras habernos adelantado, se habían separado una de otra como un centenar de metros. Acostumbrado a cronometrar la frecuencia de respiración de las ballenas, hice lo mismo con la duración entre su primera y su segunda respiración y el resultado era 4 minutos. Conocíamos el rumbo y la frecuencia, por lo que el siguiente acercamiento sería más sencillo. Al salir a respirar, una de ellas apareció a no más de 20 metros de nuestro estribor y continuó su camino como si no estuviéramos ahí.

Es curioso y extraño a la vez, pero de alguna forma podíamos intuir que estaban buscando algo. Aunque no era experto en el tema, había aprendido que, como estrategia de caza, las orcas suelen mantenerse en silencio para no ser descubiertas, escuchando atentamente los sonidos que las ballenas emiten para comunicarse (como la madre y su cría) y que son imperceptibles para nosotros. Además, como buenos delfines que son, utilizan un sonar ultraespecializado que les permite detectar a sus presas a grandes distancias, sin importar si el agua está turbia u oscura. Continué escribiendo:

10.36 horas. Las orcas continúan su camino sin variar su rumbo sureste. Es curioso ver que ambas han corregido ligeramente su rumbo, como si fueran guiadas por algún sonido en la distancia. Mientras las seguíamos, subí al mirador y utilicé mis prismáticos para buscar algo en el horizonte, justo en el rumbo hacia el que se dirigían.

Tras unos 8 minutos, pude ver que a lo lejos, muy lejos, se podían ver dos soplos de ballena desvaneciéndose. Por la inclinación del soplo, las ballenas debían de llevar rumbo norte, que coincidía con las correcciones de las orcas. Se lo dije a Isabel y comenzamos a preocuparnos un poco de lo que podíamos presenciar. Las orcas salieron a respirar tres veces más, y los soplos de las ballenas ya eran visibles a simple vista. Llevábamos rumbo noreste y nos dirigíamos directamente hacia ellas. Las orcas habían desaparecido hacía unos 6 minutos. La expectación era máxima.

11. 17 horas. Finalmente llegamos a la zona de las ballenas con las cámaras listas. El capitán se había encargado de correr la voz y ya había varias embarcaciones de *whale-watching* haciéndonos compañía. Han pasado 12 minutos y no observamos nada. ¡Qué ganas de poder ver qué es lo que sucede bajo la superficie! De pronto, escuchamos un soplo fortísimo: «¡Pufff!», ¡y otro más! Las dos ballenas salieron a respirar a unos 80 metros de nosotros notablemente agitadas. Luego una orca detrás, y la otra a un costado. Se sumergen rápidamente, sin hiperventilar varias veces como acostumbran. No pasaron más de 4 minutos y salió la primera orca, y luego la segunda a su lado. «¿Qué ha pasado?», nos preguntó un cliente. Isabel y yo no estábamos seguros de qué responder, cuando nuevamente escuchamos dos soplos de ballena casi al unísono. Habían salido juntas, pero esta vez a unos 200 metros de nosotros, con rumbo norte. Ahora lo entendíamos todo. Tras un breve reconocimiento, las orcas abortaron su misión, ya que no pueden enfrentarse a dos adultos que les duplican en tamaño y fuerza. Estaban buscando una cría, por lo que siguieron su camino hacia el sur. Todos respiramos aliviados tras esos tensos minutos de incertidumbre, y continuamos nuestro recorrido, ahora siguiendo a las afortunadas jorobadas.

Hay que tener la sangre fría para querer ser testigo de una batalla tan dramática como la que ocurrió dos días después; y debo reconocer que aunque sin duda habría sido una gran oportunidad científica para mí, aún agradezco haber tenido la suerte de no ver las desgarradoras escenas que presenció mi compañera Astrid. Esa mañana habíamos cambiado el turno y yo salía en el siguiente. Apenas volvieron al puerto, ya teníamos listos a los clientes y salimos antes de la hora programada para continuar la observación de lo que había ocurrido hacía apenas dos horas. Había sucedido más o menos lo mismo que yo había presenciado dos días antes, pero esta vez tres orcas habían encontrado a una madre con su cría, justo a 5 millas frente al puerto. Tardamos en llegar unos treinta minutos; ésa es la ventaja de llevar una zódiac, el único barco rápido que había entonces en la flota de embarcaciones autorizadas para la observación de ballenas.

No hizo falta buscar mucho, pues la cantidad de gaviotas volando alrededor era ingente y nos guiaban desde la distancia. Apenas nos acercamos, las evidencias circunstanciales eran abrumadoras: mientras pasábamos junto a varios trozos de piel negra, tres orcas jugaban entre ellas, lanzando por el aire un pedazo de cola del ballenato como si de un partido de waterpolo se tratara, y en medio de todo, decenas de gaviotas se disputaban ruidosamente los restos más pequeños que aún flotaban en la superficie. Así es la vida: unos mueren para dar vida a otros, y éste era un crudo ejemplo de ello. Recuerdo que en la distancia pudimos ver a la que a buen seguro sería la madre del ballenato, que se negaba a irse y resoplaba con gran estrépito, notablemente enfadada y entristecida por el desafortunado encuentro. Pero la vida sigue, y las ballenas lo saben. Cuatro días después pudimos verla en un grupo de cortejo. La seguían seis machos, que a pesar de estar visiblemente lastimados por tantas peleas, no podían dejar escapar la oportunidad de aparearse con la que tal vez fuera la última hembra disponible de la temporada invernal que estaba por finalizar.

Tal como ocurrió ese 8 de marzo, en años posteriores tuve más encuentros con orcas, pero llegaba cuando la acción ya había terminado, no necesariamente a su favor. En muchas ocasiones, esa lucha feroz se convertía en una derrota para ellas, y descubría que de alguna forma la madre había logrado contener el ataque y el ballenato terminaba únicamente con algunas mordeduras en su cola y una gran lección de vida. Aunque sus heridas no ponían en peligro su vida, éstas pasarían a convertirse en evidentes cicatrices que le recordarían que en el mar nunca se está solo. Durante los años que me dediqué a navegar en la bahía, es sorprendente el número de jorobadas que vi, tanto adultas como crías recién nacidas, con tremendas marcas y cicatrices de mordeduras: verdaderas historias de supervivencia y de sus tensos encuentros con las nómadas.

Las orcas que yo veía siempre se las ingeniaban para encontrar algo que comer, y la única vez que las vi alimentándose fue de una tortuga marina cuyo caparazón se convirtió en una inútil protección contra sus enormes dientes. Es comprensible esa imperante necesidad que tienen de comer y cubrir sus requerimientos energéticos, pues al ser nómadas se mantienen en constante movimiento, capaces de recorrer más de 150 kilómetros diarios. ¡Qué suerte he tenido de verlas! Mientras tanto, las siempre presentes gaviotas, con su sorprendente capacidad para encontrar restos de comida en la superficie del inmenso mar, eran mis mejores aliadas cuando de buscar orcas se trataba.

Con seguridad, fue ese comportamiento voraz tan comúnmente observado lo que hizo que se las llamase desde la Antigüedad «ballenas asesinas» o «asesinas de ballenas», y aunque nadie sabe a ciencia cierta qué nombre surgió primero, su denominación científica es una inequívoca muestra de la influencia del folclore que giraba en torno a ellas: *Orcinus orca* se traduce algo así como «monstruo marino del inframundo». Aunque hoy en día «ballena asesina» es un nombre válido y aún bastante utilizado, cada vez es menos aceptado por ser considerado un apelativo injusto que no ayuda en nada a eliminar cientos de años de miedos y falsas creencias sobre estos seres tan sorprendentes.

Por ponerle un ejemplo de cómo un nombre por sí solo puede crear prejuicios y dañar a una especie, piense en el oso panda (*Ailuropoda melanoleuca*). Ambas especies tienen su cuerpo cubierto de blanco y negro, pero este último goza de una popularidad positiva impresionante: para todos es un tierno osito al que se debe proteger. Pero si alguien le hubiese llamado «orco» u «oso devorador de plantas», seguramente el panda no sería un animal tan popular. Ése es el desafortunado caso de nuestras amigas las orcas.

Aunque son el miembro más grande de la familia de los delfines, se les llama «ballenas» por su gran tamaño, ya que pueden medir hasta 9 metros y pesar 8 toneladas. ¿Sabe cómo distinguir delfines de ballenas? La forma más sencilla es observando su orificio respiratorio: los odontocetos (como la beluga, la ballena piloto o el delfín común) tienen sólo uno, llamado espiráculo. Por su parte, los misticetos (como la ballena azul, el rorcual común o la jorobada) tienen dos, al igual que nosotros, que se llaman narinas. Otra sencilla forma de saberlo (al menos cuando abren la boca) es por su dentadura: las ballenas no poseen dientes sino «barbas», unas cerdas flexibles que sirven para filtrar su comida. En cambio, todos los delfines tienen dientes, y en el caso de las orcas, éstos son cónicos y pueden medir hasta 10 centímetros, lo que les da ese aspecto feroz.

Es muy probable que en la Antigüedad, esa apariencia, además de su cuerpo bicolor que oculta sus ojos, fuera lo que más impresionaba a aquellos que se atrevían a aventurarse en el misterioso mar. La primera descripción de una orca proviene del siglo I, donde Plinio el Viejo la describe como «una criatura que es enemiga de las demás especies y su apariencia no puede ser descrita sino como una enorme masa de carne con dientes salvajes». Descripciones similares se han repetido durante siglos alrededor de todo el mundo. Basándonos en lo que sabemos hoy en día, la pregunta es: ¿de verdad son así de salvajes?

Mi respuesta, estimado lector, es que no, ya que su comportamiento no es un acto de crueldad deliberada. Es cierto que son cazadoras natas, pero lo son tanto como cualquier otro depredador del mundo animal, llámense leones, águilas, barracudas o una pequeña araña saltarina. Digan lo que digan, sigo pensando que el depredador más cruel y despiadado que ha existido en la Tierra es el ser humano. Lo que las diferencia de nosotros es que ellas lo hacen para sobrevivir, mientras que la especie humana, aun cuando tiene cubiertas sus necesidades alimentarias, lo hace por el simple placer de matar. Las orcas son animales sumamente inteligentes, sensibles y solidarios, que viven en grupos familiares estrictamente organizados con estrechos y profundos lazos de respeto, solidaridad y afecto que perduran durante toda su vida.

Jean-Michel Cousteau las describe como «nuestra contraparte en el mar, la especie marina más compleja del planeta», y es precisamente así, aún hoy en día, como los pueblos nativos del Pacífico norteamericano las ven: se las honra y respeta, reconociéndolas como seres inteligentes que dominan el océano, tal como los humanos dominan la tierra. Una de las creencias que más me fascinan es la que profesa el pueblo Nootka, originario de la isla de Vancouver (Canadá), quienes son pescadores y cazadores de ballenas. Aun cuando las orcas compiten directamente con ellos por los mismos recursos, las respetan. Creen que los difuntos jefes de sus tribus se reencarnan en orcas, por lo que consideran insensato matarlas o maltratarlas de cualquier forma, porque entonces buscarían venganza contra su pueblo. Seguramente en esta creencia se basó la poco conocida película *Orca, la ballena asesina* (1977), donde una orca macho busca a toda costa vengarse de un pescador sin escrúpulos que asesinó a su pareja preñada. Si bien la venganza es una cualidad muy propia de los humanos, existen en Australia y Norteamérica algunos registros de cooperación entre ambos (como cuando ayudan a pescadores o balleneros en sus capturas, a cambio de algunas porciones de comida), pero también los hay sobre lo que podría considerarse rencor o venganza (como cuando los pescadores se negaron a compartir la captura y las orcas dejaron de ayudarles a pescar).

Lo más curioso de tantas historias es que a pesar de que el ser humano las ha perseguido y maltratado de una forma atroz e injusta, las orcas nunca han matado a seres humanos en la naturaleza. Dice el experto en cetáceos Erich Hoyt que las orcas son conscientes de que su destino está en las manos del hombre, por lo que se comportan de la mejor manera con nosotros y nos dan su mejor espectáculo antes de que caiga el telón, refiriéndose a su extinción. Pero desde una visión más romántica, quisiera aferrarme a la idea de que antes de que comenzara a medirse el tiempo, ambas especies, hombres y orcas, los seres más inteligentes y hábiles de la tierra y del mar, sellaron un pacto «de caballeros» cuando aún el ser humano era más espiritual y consciente de los vínculos que tenemos con todos los seres vivos. Pero si de algo adolecemos los humanos es de memoria a largo plazo, y nos adaptamos convenientemente a las situaciones que se nos presentan con el paso del tiempo. Olvidando ese vínculo espiritual, y olvidando nuestro antiguo pacto, las hemos visto como nuestros competidores y nuestros enemigos.

Desde el siglo XIX, se las cazó como a una ballena más, y sin ser suficiente, se les disparó desde tierra y desde barcos en cuanto se las veía, para evitar que se comieran los salmones, las ballenas o las focas, que tenían un gran valor económico. Esta práctica era tan común, que la misma Armada estadounidense eliminó, a petición del gobierno de Islandia, a un centenar de orcas en unos pocos minutos, ya que estaban compitiendo por la captura del salmón. Esto ocurrió en 1956, y la práctica de dispararles no se prohibió hasta 1972. Finalmente, llegamos al punto de inflexión en el que la sociedad se da cuenta de lo fantásticas y asombrosamente inteligentes que son, y que gracias a los muy desafortunados e indeseables sucesos, ahora gozan de una amplia protección y respeto a nivel mundial.

¿Qué hizo que cambiara drásticamente nuestra forma de verlas? A mi parecer, todo comenzó cuando, en 1964, por primera vez en la historia se exhibió a una orca viva en cautiverio. Moby Doll fue la primera orca en hacerse famosa: iba a ser utilizada como molde de tamaño real para una estatua, y para ello había que matarla. Como sobrevivió al arpón de 7 metros de largo, fue trasladada al acuario de Vancouver, donde recibió 20.000 visitantes el primer día y causó una gran sensación. Aunque vivió sólo un par de meses, dio literalmente su vida para enseñar al mundo que las orcas no son lo que parecen ser. Ése fue su legado. A partir de entonces surgió la vergonzosa moda de capturar y exhibir orcas alrededor del mundo, pero gracias a ello la comunidad científica comenzó a interesarse en conocerlas más, lo que llevó a establecer métodos para contarlas y estudiarlas en vida silvestre, que aún hoy en día siguen utilizándose.

Seguramente habrá visto la película ¡*Liberad a Willy!* (1993), una conmovedora historia sobre una orca confinada al cautiverio y un niño que hace lo imposible por devolver a este animal a la libertad. Su protagonista fue Keiko, una orca macho que en la realidad vivía en un pequeño parque acuático de la Ciudad de México y que había sido separada de su familia desde que tenía dos años de edad, en las aguas de Islandia, allá por 1979. Tras su éxito en taquilla, se creó un poderoso movimiento social en todo el mundo pidiendo que fuera liberada de verdad. Tras veintitrés años de cautividad y un ambicioso proyecto millonario para enseñarle a vivir en libertad, volvió al mar islandés, donde se creía que habitaba su familia. Pero Keiko, incapaz de relacionarse con otras orcas y con un profundo arraigo por las personas, continuó buscando el contacto con la gente: llegaba a los fiordos noruegos, donde hacía los trucos que acostumbraba a hacer en cautividad, y en los puertos dejaba que los niños se subieran en ella. Poco más de un año después de ser liberada, intentando estar tan cerca de la gente como le era posible, cayó enferma y murió de neumonía.

Éste es para mí el segundo suceso significativo, y aún mientras escribo estas líneas me conmueve profundamente recordar el desenlace de su historia, plagada de lecciones que nunca deberíamos olvidar. Me tranquiliza imaginárme-la nadando libremente en el gran azul, yendo a donde su libre albedrío le dictaba y disfrutando de cada minuto de libertad. Su legado fue impresionante, pues, además de cautivar a niños y a adultos, permitió que salieran a la luz los claroscuros que oculta el multimillonario mundo de los parques acuáticos y los espectáculos con todo tipo de animales marinos. Gracias a Keiko, a Moby Doll y a más de 164 orcas capturadas que han vivido en el anonimato, nos hemos dado cuenta de que no está bien encerrar y esclavizar animales sólo por el egoísta placer de verlos. Aun así, más de setenta orcas viven actualmente en cautiverio alrededor del mundo. ¿Hemos aprendido algo?

4

Las tijeretas del terror

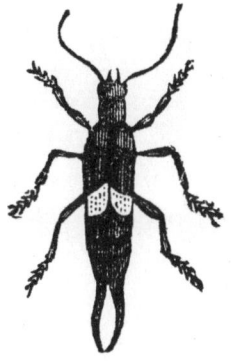

Sin duda, las orcas nos han dejado profundas lecciones de vida, y es tiempo de hablar de otros seres que admiro mucho, ya sea por su diminuto tamaño o por lo complejo que es su comportamiento. Esta vez no sólo iremos a tierra firme, sino que para encontrarlos, debemos buscar con mucho cuidado bajo las piedras, observar entre la corteza de los árboles o examinar quizá dentro de nuestras cabezas... Sí, ¡así es! No son pocos los relatos e historias que desde la Antigüedad han aterrado a niños y a adultos sobre este misterioso hábito de penetrar en nuestras cabezas.

Mi tío, don José Mena Montoya, fue un reputado y bien conocido historiador de mi ciudad natal, León (estado de Guanajuato, México). Era, además, un imaginativo escritor, capaz de cautivar a propios y extraños con las historias que contaba, sin importar que fueran anecdóticas o fruto de su imaginación. No sé si era su forma de vestir, de fumar habanos o de contar chistes picantes, pero desde que tengo memoria lo admiraba y soñaba con pasar más tiempo con él. Antes de que muriera, y sabedor de mi pasión por los insectos, me contó una historia que, según me dijo, le había narrado mi bisabuelo.

Comenzó el relato haciéndome una pregunta: «¿Sabes

por qué la gente duerme con algodones en los oídos?». Yo, a mi corta edad, sólo pude encogerme de hombros y mover la cabeza diciendo que no tenía la menor idea. «¡Para que no se te metan las tijeretas!», exclamó, y tirando un poco de mis orejas, continuó: «Las tijeretas tienen un especial gusto por meterse en cavidades pequeñas, y los oídos son la guarida perfecta, especialmente aquellos que no están limpios. El problema es que como tienen el cuerpo alargado, una vez que entran no pueden salir, por lo que al no tener otra opción, comienzan a cavar hacia dentro buscando otra salida. Prefieren hacerlo por las noches mientras dormimos, porque cuando estamos despiertos es muy difícil que pasen desapercibidas. Para entrar en casa, las puertas y ventanas cerradas no son suficiente protección, pues al ser tan delgaditas, pueden pasar fácilmente por estrechas rendijas y hendiduras. Ya sea volando o caminando, van buscando el calor humano, y una vez que te encuentran, recorrerán todo tu cuerpo inspeccionando cada orificio que encuentren. Si por alguna razón llegan a tu nariz, evitarán entrar ahí porque no les gustan las corrientes de aire, así que siguen buscando hasta llegar a tu oreja, atraídas por el olor de la cerilla. Luego se meten tan rápido que no te da tiempo a reaccionar y, una vez dentro, comenzarán rasgando el tímpano, la barrera natural que tiene nuestro cuerpo para evitar que animales como ellas se introduzcan en el cerebro. Dicen que si estás durmiendo, podrías soñar que estás bailando al ritmo del güiro cubano, cuando lo que escuchas en realidad es cómo va arrastrando sus seis patas mientras va rasgando el tímpano con su boca.

»Hay personas que ni siquiera se enteran, pero quienes están despiertos sufren dolores espantosos. El problema es que para cuando un médico les revise el oído, el insecto ya habrá desaparecido y, con él, el dolor, por lo que nadie se podrá explicar lo que ha sucedido sino hasta unos días después. Es bien sabido que el cerebro no tiene sensibilidad, por lo que, una vez que están en él, no nos enteramos de lo que están haciendo allí. La única pista que tienen los médicos es por el cambio repentino en tu comportamiento. Algunas veces te cambia el sentido del humor, te puedes volver irascible y grosero. Otras veces te vuelves lento y perezoso, dependiendo de por dónde haya decidido ir la tijereta. Para no morir de hambre, comenzará a comerse pequeños trozos de tu cerebro, y así poder seguir abriéndose camino hacia el otro oído, su única salida posible. Algunas veces se equivocan un poco y se dirigen hacia los ojos. Eso significa la peor tortura inimaginable, pues comienzas a tener visiones; a veces de la misma tijereta que llevas dentro, pero tan gigantesca que ensombrece tu visión. Si sigue el camino más corto, en una o dos semanas llegará a tu otro lóbulo cerebral, y cuando esto ocurra, te podrá fallar la mente, la coordinación de tu cuerpo o tendrás una muerte repentina. En todos los casos es poco lo que un médico puede hacer, y habrá que esperar a que el bicho salga por sí solo. Ten cuidado, hijo, ¡no vaya ser que en una de esas incursiones al bosque se te vaya a meter un bicho de esos!».

Mi tío terminó de contarme la historia con una carcajada malvada mientras que yo, con una mezcla entre sorpresa y terror, me quedé impávido sin saber qué decir. Por supuesto que esa misma noche le pedí a mi madre que por favor me rellenara de algodones mis enormes orejitas, pero ella, con una sonrisa tranquilizadora, me dijo que no hiciera caso, que no pasaría nada. Vencido por el cansancio, me dormí pensando en el vecino Juan, quien era tan patoso que casi todos los días se hacía un chichón nuevo, o en mi primo Gerardo, cuya hiperactividad sobrepasaba los límites médicos conocidos. ¿Tendrían acaso una (o varias) tijeretas dentro? Con el paso del tiempo, mi primo se convirtió en un tranquilo e inteligentísimo hombre de bien, por lo que deduzco que no sufría de tijeretitis... Y respecto al vecino Juan, sospecho que no eran estos insectos, sino las botellas de tequila que se bebía como si fueran limonadas en verano, lo que le hacía ir dando tumbos.

Durante muchos años me quedé con la duda de si la historia que me contó mi tío era verídica. Curiosamente hay muchas más como ésta que narran, con mayor o menor detalle, sucesos espeluznantes que aseguran, además, que las hembras depositan ahí sus huevecitos y sus larvas te devoran el cerebro entero. Pero ¿hasta qué punto son ciertas esas creencias? Seguramente estas historias deben remontarse a los tiempos en los que la sociedad humana transmitía sus conocimientos a través de la comunicación oral, y la fantasía era, por supuesto, un elemento muy importante en el momento de la narración, por lo que debió de exagerarse poco a poco la historia original, hasta el punto de convertirse literalmente en una historia de terror que ha sido utilizada en más de una ocasión para programas de televisión y libros de anécdotas.

Debo remitirme al primer escrito que hace alusión a las tijeretas, que data del siglo I. En su libro *Historia Naturalis*, Plinio el Viejo recomendaba que cuando éste y otros insectos entraran en el oído, había que escupir dentro y el bicho saldría enseguida. Luego las recetas mejoraron, sugiriendo echar aceite de oliva, de almendras o, en el peor de los casos, se podía colocar una manzana bien madura a un lado de la oreja, ya que al ser una delicia a la que ninguna tijereta se puede resistir, ésta saldría por su propia cuenta.

Pero además de las recetas para sacarlas, no existe ningún testimonio escrito sobre la raíz de la pregunta que nos tiene intrigados: ¿de verdad entran en los oídos? El registro más antiguo de la intromisión de una tijereta es probablemente uno que data de 1805, cuando, tras la batalla de Austerlitz, y mientras regresaba a Francia, un general se recostó en su coche y comenzó a sentir intolerables dolores en el oído. Después de explorarle, un médico observó que había en su interior un insecto, pero al intentar sacarlo, éste se aferraba aún más, lo que incrementaba el dolor. Otro médico, siguiendo las antiguas recomendaciones tradicionales, echó un poco de aceite dentro y logró extraer una tijereta. Lo que es cierto es que a lo largo y ancho del planeta hay una gran cantidad de casos de artrópodos entrando en los oídos de las personas, aunque son contados aquellos en los que participa una tijereta. Son más comunes los casos con cucarachas, abejas, escarabajos y garrapatas, y aunque no he encontrado ninguno que mencione a las cochinillas (bicho bola), me consta que esto también puede ocurrir. Gracias a esta experiencia que viví una fría noche de 2012, puedo dar fe de lo dolorosa que es la intromisión auricular de cualquier pequeño e inofensivo animalito.

Le aseguro, mi estimado lector, que la higiene no es un factor determinante para que algún artrópodo entre en nuestros oídos. Es simplemente cuestión de mala suerte, y en muchos casos las razones pueden resultar inexplicables, como lo que a mí me sucedió. Hubo una época de mi vida que viví en lo que podría denominarse una zona selvática, y ahí pueden ocurrir cosas inesperadas, como que un escorpión venenoso (conocido en México como alacrán) vaya caminando por el techo de tu habitación mientras duermes y te caiga justo encima. Como había tal invasión de alacranes y tras varias picaduras, me había visto en la necesidad de introducir las patas de la cama en botes llenos de agua para evitar así que subieran y me picaran de nuevo. ¡Quién podría imaginarse que uno treparía al techo para caerme encima!

Bueno, pues algo similar me ocurrió con un bicho bola, aunque esto ocurrió en España, en una habitación común y corriente de un hogar típico de cualquier ciudad. Cómo llegó a trepar a nuestra cama con patas de metal, sortear edredones y sábanas para finalmente llegar a mi oído es un verdadero misterio sin resolver: mientras dormía plácidamente, comencé a sentir un agudísimo dolor que me sacó de mi sueño y me hizo saltar de la cama, dando gritos y corriendo torpemente hacia el baño. Sentía unas agudas punzadas y algo que se movía en el interior de mi oído. Sabiendo que debía ser la intromisión de algún bicho, me aguanté la imperiosa necesidad de meter el dedo y me acerqué al espejo para mirar con cuidado. Ladeé un poco la cabeza para observar mejor el interior, y pude ver cómo un pálido isópodo daba marcha atrás y salía por su propia voluntad, cayendo en el lavabo. Mar, mi sorprendida esposa, entró a ver qué sucedía, y sólo pudo ver mi cara de asombro cuando le señalé con el dedo al afortunado superviviente de este extraño encuentro. Mi dolor cesó en cuanto salió, y sabiendo que no era culpa suya, lo cogí con la ayuda de un trozo de papel higiénico y lo coloqué en un macetero donde encontraría refugio y comida. Una anécdota más para escribir en mi lista de sucesos extraños.

En cuanto a las leyendas sobre tijeretas, puedo asegurarle que nada de lo que se dice es verdad, comenzando por eso de que pueden atravesar la barrera timpánica, tampoco son asiduas devoradoras de cerebros, ni depositan ahí sus huevos. Como suele ocurrir, nos dejamos llevar más por nuestra imaginación y nuestros miedos que por la verdad y la lógica.

Todo parece indicar que las leyendas que nublan la buena imagen de las tijeretas se originaron por la cultura anglosajona de la Edad Media. En al menos seis idiomas distintos, su nombre hace referencia a la oreja u oído. Por ejemplo, *earwig*, su nombre en inglés, puede traducirse como «bicho-oído»; en francés los llaman *perce-oreille*, que se traduce en algo así como «perforar-oído», y en alemán *ohrwurm* o «gusano-oído». Sin embargo, existe otra teoría sobre su significado. Como oreja y oído pueden decirse de la misma forma, y dado que las alas de estos insectos tienen la forma de una oreja humana, hay quienes aseguran que su nombre deriva más bien de la forma de sus alas que por sus supuestos hábitos. Cuando Carlos Linneo dio su nombre científico a la tijereta más común de Europa, eligió un nombre muy adecuado para la época; la llamó *Forficula auricularia*, que se traduce más o menos como «tijera del oído».

Es precisamente su nombre en español el que hace alusión a que su abdomen termina en un par de forcípulas, comúnmente llamadas fórceps, con tal movilidad que asemejan unas tijeras de verdad. ¿Por qué en algunos sitios las llamarán también «cortapichas»? Ay, lo que hace la imaginación...

Aunque no tienen mucha fuerza, sin duda éstas pueden utilizarlas como arma defensiva, pero las usan principalmente para ayudarse a desplegar sus alas, atrapar a pequeñas presas y, lo más importante, para aparearse. En los machos sus tijeras son visiblemente más largas y curvadas, adaptadas para abrazar e inmovilizar con ellas a su pareja durante el apareamiento. Hay estudios que han descubierto que en el mundo de las tijeretas, el tamaño sí importa, y las hembras tienen una particular atracción hacia aquellos machos con la tijera más larga. ¡Qué cosas!

Pero más allá de la simple e instintiva atracción física a la que a veces estamos sometidos todos los animales, estos minúsculos seres han logrado llevar una vida social extremadamente compleja, comparable tal vez con la de muchas aves y mamíferos, incluyendo al hombre. A pesar de parecer pequeñitas e indefensas, las madres tijereta son madres coraje. Tienen la virtud de dedicar todo su tiempo y cariño a sus huevos y crías hasta que se vuelven independientes, dando en ocasiones su propia vida para sacarlas adelante. Corría el año 1773 cuando el biólogo sueco Charles de Geer se mostró maravillado por su comportamiento maternal, registrando detalladamente sus observaciones. A partir de entonces, todos los estudios coinciden en la devoción que las hembras tijereta demuestran por su descendencia: sellan el nido desde dentro para aislarse de peligros e inundaciones, luego se colocan encima de los huevos durante días, girándolos para que absorban la humedad del suelo y los limpian periódicamente con su boca para evitar que se estropeen y se llenen de hongos. Si el observador dispersa los huevos, la madre no tarda en reunirlos de nuevo y echarse sobre ellos. También se realizaron registros de que una vez nacidas las minúsculas tijeretas, éstas tienden a colocarse debajo de la madre, que les proporciona todos los cuidados e incluso les regurgita alimento.

En la actualidad se las considera como las «ratas de laboratorio» del mundo de los insectos, ya que es relativamente fácil realizar con ellas complejos estudios de comportamiento social y cuidado paternal, pero ahora los ojos de la ciencia están más atentos a sus alas, cuyo diseño está de moda, tras haber sido prácticamente ignoradas durante siglos. Aún en el siglo xx había quienes aseguraban que las tijeretas no podían volar. Es verdad que algunas especies no tienen alas, pero la gran mayoría cuentan con unas habilidades de vuelo sorprendentes y hoy en día sigue siendo un misterio para la ciencia los motivos por los que de pronto alzan el vuelo y se congregan por miles o millones. Pero más que su capacidad para volar, la comunidad científica está intrigada por la compleja estructura de sus alas. Están intentando replicar la forma en que pueden desplegar sus delgadísimas pero ultrarresistentes alas, que tienen hasta diez veces su tamaño original, y luego plegarlas de nuevo en un complejo *origami* para que quepan debajo de sus pequeñísimos élitros, unas cubiertas duras que las protegen cuando no las necesitan.

¿Cuántos secretos más nos revelarán estos sorprendentes insectos? Tal vez nos tengan preparada una moderna solución a la defensa personal, como las tijeretas rayadas americanas (*Doru taeniatum*), que mientras utilizan sus tijeras para defenderse, son capaces de disparar a sus enemigos una sustancia química irritante desde las glándulas que tienen en su abdomen, y al mismo tiempo que lo hacen eficazmente, son capaces de economizar su uso de una manera nunca vista en el resto de los insectos. Puedo ver cómo esas madres coraje estarán enseñándoles a las mamás humanas su especializada técnica para defenderse, de una vez por todas, de los no poco malvados y cobardes abusones; yo lo llamaría «la técnica cortapichas».

5

Las mariposas malhumoradas

Hasta ahora hemos visto que el trabajo en equipo y la unidad social no son un atributo exclusivo del ser humano, y que el comportamiento de los animales es extremadamente complejo. Y, sin embargo, ¡nunca paran de asombrarnos!

Cuando era niño, mi madre encontró en el suelo del jardín de casa una pequeña y discreta oruga marrón con manchas oscuras y amarillas, tras podar unas grandes enredaderas. Por alguna razón, decidió adoptarla y me hizo que la ayudara a colocarla en un terrario que decoramos con ramas y hojas frescas. Todos los días, al volver de la escuela, le ponía hojas nuevas y podía ver cómo comía y comía, y crecía y crecía. Ésta no era sin duda la oruga más grande del mundo, pero a mí me lo parecía, pues cada día era un poquito más grande. Aún hoy, me resulta impresionante que desde que salen de su minúsculo huevo hasta antes de convertirse en crisálida, las mariposas pueden, en tan sólo unas semanas, llegar a incrementar su volumen en hasta ¡3.000 veces! Es como si un gatito recién nacido se convirtiera en dos meses en un tigre de Bengala adulto.

Después de dos semanas alimentándose vorazmente, un día al volver de la escuela observé que se había quedado inmóvil, su cuerpo se había endurecido y estaba pegada a una ramita. ¡Se había convertido en una crisálida! Cada vez que la tocaba suavemente con el dedo, preocupado por que hubiera muerto, reaccionaba y se agitaba un poco como pidiendo que no la molestara. Así pues, todos en casa especulábamos sobre qué tipo de mariposa sería y sobre lo hermosas que serían sus coloridas alas. Pasaron los días y me olvidé de ese inmóvil capullo, cuyo terrario había quedado olvidado en una oscura esquina de la biblioteca. Pero el asombro llegó finalmente cuando, un domingo por la mañana, apareció una misteriosa y enorme mariposa negra posada en una esquina.

¡Menuda decepción! Yo esperaba ver una mariposa de colores amarillos y verdes y me avergüenza reconocer que me puse a gritar a todo pulmón cuando pensé que era un murciélago lo que colgaba del techo. Resultó ser la especie de mariposa nocturna más grande del continente americano, ampliamente conocida como «bruja negra» o «ratón viejo» (*Ascalapha odorata*). Mi madre no se atrevía a atraparla, por lo que abrió puertas y ventanas para ver si escapaba, pero no se movió en todo el día. Cuando cayó la noche apareció revoloteando en la cocina, y con la ayuda de mi padre logramos que saliera volando por la puerta del jardín.

A lo largo de mi juventud era común ver al conserje de la escuela sacando a escobazos a estas mariposas, bastante comunes durante el verano, mientras todos los niños aprovechábamos el caos para gritar a pleno pulmón como si fuera el fin del mundo. A través de los tiempos se han arraigado profundas creencias y temores irracionales en torno a estas mariposas de casi 20 centímetros de envergadura: se dice que cuando entran en una casa significa que alguien va a morir y que han entrado para guiarlo en su camino espiritual. Los temores hacia ellas son heredados de los pueblos precolombinos en los que se las asociaba con la mala suerte y la muerte. En náhuatl (la lengua de los aztecas) se las llama *mictlanpapalotl*, que significa «mariposa del país de los muertos», y en maya se las conoce como *X'mahana*, que quiere decir «morador de casa ajena». Hay quienes también creen que son espíritus errantes que no han podido viajar al más allá, y, ya sean creyentes o no, en todas partes las reciben a escobazos, como si con matarlas se hiciera desaparecer cualquier maldición que pudiera haber caído sobre el supuesto hogar desdichado. No importa que su entrada en las casas sea una consecuencia de la contaminación lumínica y la búsqueda de refugio, simplemente nadie quiere arriesgarse a sufrir la pérdida de un ser querido. Como datos curiosos, hay quienes consideran que trae mala suerte matar una oruga y en muchas partes de México son también una delicia gastronómica.

Mientras que las mariposas figuran entre los seres más bellos y simpáticos de la naturaleza, sus orugas, esas formas inmaduras comúnmente confundidas con gusanos, son todo menos apreciadas o admiradas. Salvo contadas excepciones, se las considera una plaga y se las señala como seres indeseados debido a su voracidad al alimentarse de las plantas; animales grotescos que carecen de interés, soberanamente aburridos y poco interesantes. Yo las considero de todo menos aburridas por su diversidad de comportamiento, formas y colores, y debo resaltar que las mariposas más hermosas a veces provienen de las orugas de aspecto más desagradable y con extraños comportamientos, como aquellas que imitan a la perfección las deposiciones de las aves y que incluso pueden oler igualmente mal.

Si a usted, mi estimado lector, no le gustan las orugas, le ruego encarecidamente que haga caso a la flor, uno de los personajes del famoso libro *El Principito*, de Antoine de Saint-Exupéry. Dijo ésta sabiamente: «Debo soportar dos o tres orugas si quiero conocer a las mariposas». Un poquito de empatía, ¡por favor!

A lo largo de mi vida he visto todo tipo de orugas —pequeñas y grandes, bonitas y feas—, pero me sorprende sobremanera las variadas estrategias que han desarrollado para defenderse. Mientras algunas, desnudas y cubiertas de hermosos y atractivos colores, son mortalmente venenosas para quien las ingiere, otras, en cambio, son discretas y han preferido cubrirse de pelillos urticantes que pueden desprender cuando se las molesta. En México se las llama «quemadoras», haciendo obvia referencia a la irritación que pueden causar en la piel, y no hay animal que, tras haberlas probado, intente comérselas de nuevo.

Al poco tiempo de mi llegada a España, un día me puse a limpiar vegetación debajo de una pinada y sufrí una reacción alérgica incontrolada que me obligó a ir al médico. Tras una brevísima revisión visual, el médico me dijo: «Usted sufre de pápulas eritemato-edematosas muy pruriginosas de características evanescentes». Menos mal que soy hijo de médico y pude entender lo que me decía; tenía muchas ronchas en el cuello y los brazos que me producían un picor incontrolable. El origen eran unos «finos pelillos» que desprenden las orugas conocidas como «procesionarias» (*Thaumetopoea pityocampa*), hasta entonces desconocidas para mí. Todo el mundo, y con justa razón, intenta evitar acercarse a esas orugas «peludas», aunque nadie me lo había advertido. Tal como ocurre muchas veces en la naturaleza, lo aprendí por las malas y desde entonces evito acercarme a ellas.

Hablando de comportamientos defensivos, hay unas mariposas con una personalidad bastante particular; tanto que si estuviera escribiendo un libro con un toque más vulgar, me atrevería a asegurar que tienen un carácter de m!#ç&a. El primer día que las vi quedé intrigado y un poco incrédulo por lo que veía, pero conforme pasaban los días pude constatar que efectivamente mis sospechas eran correctas: estas mariposas saben aplicar a la perfección la regla de «la mejor defensa es el ataque».

En la América tropical las llaman «mariposas tronadoras» (*Hamadryas* sp.); es una mariposa de ambientes tropicales que, como su nombre indica, emite unos sonidos tan intensos que pueden escucharse incluso a 30 metros de distancia. Para que se haga una idea del sonido, es como una chispa eléctrica cuando salta de un cable a otro, o como ese sonido que se escucha cuando pones madera húmeda en una hoguera. Ahora repita ese sonido continuamente durante varios segundos ¡y ahí lo tiene!

Aunque pueden ser muchas especies distintas, la que yo observé tenía la parte superior de sus alas de color gris con algunas manchas más claras, así como figuras ovales y en forma de «S» que resaltaban tonos turquesa y rojo. Se posaba en el tronco de la palmera más alta que había fuera de la casa y se mantenía inmóvil al sol con las alas pegadas a la madera. Pobre de aquella mariposa que pasara volando frente a ella, sin importar que fuera a uno o a diez metros de distancia, de inmediato echaba a volar con sorprendente velocidad directamente hacia el intruso, y comenzaba a hacer ese molesto «clic, clic, clic» mientras lo perseguía, hasta que lo alejaba a 20 metros de la palmera. Luego descubrí que de la corteza del árbol que había debajo emanaba una sustancia líquida que eran azúcares fermentados, de los que se alimentaba casi en exclusividad, a excepción de unas moscas a las que ignoraba totalmente. Tras esa experiencia y después de investigar un poco, descubrí que ésta y otras familias de mariposas tienen una capacidad auditiva impresionante, tan desarrollada que algunas son capaces de escuchar el ultrasonido que emiten los murciélagos para localizarlas, y evitar así ser devoradas.

Pero ésta no es la única especie territorial, y he sido testigo de múltiples y feroces enfrentamientos que, si bien pudieran parecernos a simple vista que son mariposas jugando en pleno vuelo, son más bien como dos animales fieros enfrentándose en una violenta disputa por su territorio. Un día, mientras caminaba cámara en mano por la densa selva en busca de unos mamíferos sociales y frugívoros llamados coatíes (que son monísimos), presencié una lucha silenciosa entre dos mariposas que duró varios minutos. Intenté fotografiarlas, y aun cuando utilizaba el flash, obtuve un curioso efecto de movimientos y sombras que dejó constancia de la pugna que ahí estaba teniendo lugar.

Sin embargo, no todas las mariposas son guerreras, y muchas de ellas practican el hermoso y difícil arte de llevar una vida de convivencia pacífica, tanto entre ellas como con otras especies. Las reinas de la vida en sociedad y colaborativa son sin duda las mariposas monarca (*Danaus plexippus plexippus*), mundialmente famosas por la larga y peligrosa migración que realizan cada año desde Canadá y Estados Unidos hasta una zona montañosa del centro de México. Para llegar ahí deben cruzar desiertos y decenas de ciudades, en una colosal travesía que les lleva más de 2 meses y cubre alrededor de 5.000 kilómetros de distancia. La casa de mis padres está localizada debajo de su ruta tradicional, y era común que en ocasiones viéramos a algunas llegar para beber el néctar de las flores que había en nuestro jardín, o que circulando por la carretera se las viera pasar volando en densas nubes, a tan sólo unas decenas de metros de altura.

Fui sumamente afortunado por haber podido ver y vivir de cerca estas migraciones, tiempo antes de que las leyes para su protección fueran tan restrictivas, y le explicaré por qué. Hoy en día, los santuarios donde llegan para hibernar están estrictamente controlados para evitar que se las moleste, y muchos de ellos están cerrados al público o su ubicación exacta se mantiene en secreto para protegerlas. Los santuarios abiertos al público son muy pocos para la gran cantidad de gente que va a verlas, por lo que visitarlos ya no es una experiencia tan cercana como la que yo viví. En aquella ocasión, decididos a conseguir un encuentro más íntimo con las monarcas, me embarqué, junto con mis padres y dos amigos biólogos, en una aventura campo a través.

Nos pusimos en contacto con un hombre de la zona que conocía a la perfección cada una de las montañas y que nos llevó por una intrincada ruta que, hoy por hoy, no me atrevería a recorrer por el alto riesgo que conllevaría, ya que la mayoría de las zonas, incluyendo las áreas protegidas, están controladas por el narcotráfico, por lo que es muy posible encontrarse con gente armada y peligrosa. Pero entonces eran otros tiempos, y andar por «el monte» con un campesino local era una aventura relativamente segura donde nuestra integridad no quedaba comprometida. Tras recorrer muchos estrechos y maltrechos caminos entre densa vegetación, no pudimos continuar el trayecto en su viejo 4×4 y seguimos a pie. Para «cortar camino», nos llevó por parajes que tenían de todo menos árboles, víctimas silenciosas de la tala ilegal que se realiza día a día en el corazón de un área supuestamente «protegida». Pero dejando a un lado esta triste historia que merecería un capítulo especial, continuamos andando. Poco a poco volvimos a adentrarnos en el denso y prístino bosque de oyameles, esos árboles que tanto disfruté de pequeño. Un par de horas de caminata que nos parecieron días enteros valieron la pena; desde una cima elevada, se veía al otro lado de la cañada unas docenas de árboles aparentemente distintos, cuyas ramas y copas estaban cubiertas de color marrón, como si alguien las hubiera envuelto con gigantescas bolsas de tela color naranja.

«¡Miren, miren, ahí están!», nos decía a gritos nuestro guía, mientras nosotros intentábamos recuperar el aliento. Caminamos otra media hora y, tras bajar, cruzar el riachuelo y subir de nuevo, comenzamos a adentrarnos en el área de descanso de millones de mariposas monarca. Todos los árboles estaban cubiertos por completo por ellas, perfectamente alineadas y apiladas unas con otras en tal cantidad que hacían que las poderosas ramas de esos pinos se doblaran tanto que parecía que fueran a romperse en cualquier momento. Mirando hacia el suelo, otros miles de mariposas muertas yacían por doquier, víctimas de las bajas temperaturas que estaban azotando la sierra durante ese frío invierno. Había tantas que prácticamente cubrían todo el suelo y no podíamos caminar sin pisar sus frágiles cuerpos.

Era media mañana y apenas los primeros rayos del sol comenzaban a pasar entre las ramas. Como pudimos y con el mayor de los cuidados, nos ubicamos en la zona más abierta y nos quedamos ahí pasmados por tanta belleza. Aquellos «racimos» de mariposas que recibían la luz del sol comenzaban a cobrar vida y a mover sus alas. Poco a poco, las que estaban encima de todas, las más expuestas al frío y que más necesitaban el calor del sol, comenzaron a volar agradecidas, como si celebraran un día más de vida. En cuestión de minutos, miles de monarcas revoloteaban a nuestro alrededor, en un matiz de colores naranja, negro y blanco que parecían fundirse con el suelo mientras se elevaban hacia el cielo como si de un ritual se tratase.

Qué contrastes tenía frente a mí, donde la vida y la muerte se entrelazaban en un mosaico de alas multicolores. Pero nuestra estancia era muy breve y debíamos volver. Órdenes de nuestro experimentado guía, cuya expresión y sus maltrechas manos nos podrían contar infinidad de historias sobre la dura vida en las montañas más peligrosas de México. Fueron unos treinta minutos los que nos dio, pero nos parecieron tan cortos como cinco. Debíamos irnos de ese sitio secreto del que, según nos dijo, sólo un puñado de personas tenía conocimiento. Me despedí de las monarcas de la mejor forma que podría imaginar, pues decenas de ellas decidieron posarse sobre mi cabeza y mis hombros. ¡Por un minuto me sentí parte de ellas!

La migración de las monarcas es un milagro en sí mismo, ya que implica a varias generaciones de mariposas, y aquellas que llegan a México son descendientes en tercera o cuarta generación de las anteriores migrantes. Es decir, que viajan miles de kilómetros ¡sin haber realizado nunca antes este viaje! En su pequeña cabecita, del tamaño de un alfiler, yace un sorprendente y aún desconocido sistema de memoria multigeneracional y un GPS intuitivo que supera a cualquier sistema de posicionamiento geográfico moderno.

Sin embargo, no todas las monarcas migran ni todas llegan a donde deberían llegar. Estoy seguro de que, aunque no está del todo estudiado, muchas de ellas aparecen por las cálidas costas del Pacífico mexicano, donde se las puede ver en pleno invierno, revoloteando por ahí y alimentándose de las flores en la selva baja mientras el resto están hibernando. ¿Habrán acaso elegido unas merecidas vacaciones en la playa? Si en invierno yo tuviera que elegir entre mar y montaña, seguramente elegiría el mar. Hay otra especie cuya migración es menos conocida pero que también es capaz de realizar un viaje aún más largo. La vanesa de los cardos (*Vanessa cardui*), una mariposa común en Europa y Gran Bretaña, elige unas vacaciones más extremas: no importa que vivan en España o en Inglaterra, porque cuando llega su momento cruzan el inhóspito desierto del Sáhara para descansar un poco más al sur. A pesar de ser una gran desconocida para los ciudanos del mundo, su viaje multigeneracional es igual o incluso más espectacular que la migración de las monarcas, teniendo en cuenta que la distancia que recorren puede llegar a los 9.000 kilómetros.

Y hablando de fenómenos espectaculares, seguramente habrá presenciado o visto en un documental cómo centenares de mariposas pueden llegar a reunirse en torno a las orillas de charcas o arroyos, brindándonos un espectáculo sin igual. Lo que no se dice, o no vemos tan a menudo, es que éstas tienen también una especial predilección por las cacas frescas del ganado o por posarse sobre animales en descomposición, y se pasan el día ahí, ¡chupeteando esos sanguinolentos fluidos!

Lo que también suele pasar es que a veces, en una caminata por el bosque, nos sentimos los seres más afortunados del mundo al ver cómo conectamos con la naturaleza: una mariposa se nos acerca revoloteando y termina posándose sobre nosotros como un regalo divino. Alucinando de la emoción, observamos cómo ésta comienza a recorrer nuestros brazos y, si no la asustamos, podría andar por nuestras manos tranquilamente, recorriendo cada uno de nuestros dedos mientras desenrolla su espiritrompa y va probando con ella el sabor de nuestra piel. Como tienen predilección por las pieles saladas, no dudarán en acercarse a lamer la frente de un sudoroso senderista en su momento de descanso. Creo que es mejor no saber dónde han estado sus espiraladas lenguas y, simplemente, ¡disfrutar del momento!

Suele ocurrir que en las zonas tropicales, muchas mariposas tienen afición por las lágrimas de un cocodrilo o una tortuga mientras toman el sol, aunque también hay polillas nocturnas que se han decantado por las lágrimas de aves durmiendo o aquellas que prefieren beber la sangre de otros animales. Curiosamente, se ha descubierto que el 99 % de las mariposas que hacen esto son machos. ¿Qué pasa con las hembras?, ¿es que son más recatadas? El resultado de los estudios es bastante interesante, ya que el motivo para beber estos fluidos es para conseguir sodio y otros aminoácidos esenciales, los mismos que son indispensables para la producción de huevos. Si es así, en teoría las hembras deberían ser las que más necesidad tienen de conseguir estos elementos, pero ocurre exactamente lo contrario. Resulta que las hembras, con lo inteligentes que son, han descubierto la forma de evitar practicar estos hábitos poco higiénicos, dejándoselos a los machos, que parecen disfrutar más de ese festín guarro. Ellos, durante el apareamiento, estarán encantados de regalarles un saludable y energético paquete de «todo incluido» que satisface las necesidades multivitamínicas que ellas tienen para poder producir huevos sanos y ricos en sodio, así que pueden destinar su tiempo a pasearse por ahí, alimentarse y buscar el sitio más adecuado para depositar sus saludables huevos.

No cabe duda de que las mariposas están entre los insectos favoritos de la gente, ya sea por su forma de volar, por su variedad de formas y colores o por lo que éstas representan para nosotros. En general son bien vistas y respetadas alrededor del mundo, y desde la prehistoria se las asocia con las almas de los difuntos, que revolotean a la espera de reencarnarse en personas. Es una reflexión positiva que resulta ser la contraparte de las creencias sobre las mariposas negras de México. En una versión son almas que vienen, y en la otra representan a las que se van.

Pero uno de los mayores misterios que existen es el origen de su nombre en español: «mariposa». ¿De dónde viene y qué significa? La versión clásica, que data aproximadamente del año 1400, explica que quizá su nombre sea la derivación del sustantivo «María» y el verbo «posar»: «María, pósate», recordando antiguas canciones infantiles que hacían referencia a estos insectos. Sin embargo, me cuesta creer que fuera así, y su significado debería ser mucho más antiguo y complejo. Así pues, investigando, me encontré con la interesantísima «teoría de los acrónimos ibéricos» del investigador barcelonés Enrique Cabrejas Iñesta. Él explica con gran detalle que en lengua ibérica mariposa significa «pasajera», una palabra que define algo «que pasa» o que «se desvanece», lo que encaja mejor con la forma de volar y el comportamiento de estos alados y magníficos seres. ¡Me gusta más! En otros idiomas su nombre no tiene relación alguna, y son tan distintos como su significado: mientras que en francés se la llama *papillon*, en italiano es *farfalla* y en inglés, *butterfly*. Lo más curioso de todo es que en griego antiguo se la denominaba *psyche*, la misma palabra que se usaba para definir el alma humana. ¿No le parece asombroso?

Hay algo que me inquieta: no ser capaz de comprender el verdadero y secreto lenguaje de los animales. Me encantaría tener un don, aunque fuera por un día, y ser capaz de comunicarme con los seres vivos, algo así como un moderno Doctor Dolittle (un personaje creado en 1920 por Hugh Lofting que era capaz de hablar con los animales en su propio lenguaje), pero en mi caso yo me especializaría en el lenguaje de los árboles, las arañas y las avispas. Si pudiera hacerlo, entrevistaría a los que se les ha dado un nombre «impropio» y del que seguramente despotricarían y pondrían a parir a quienes hayan tenido semejante ocurrencia de llamarlos así. Mi primera entrevista se la haría a una mariposa nocturna llamada *Neopalpa donaldtrumpi*, nombrada así por sus descubridores debido a que tiene sobre su cabeza unas rubias escamas que se asemejan al cabello de este controvertido e incómodo personaje. ¿Qué culpa tiene esa pequeña y desafortunada polilla de llevar un peinado tan singular? Si comprendiera el significado de su nombre, no tengo duda de que haría todo lo posible por dejar de llamarse así. Esa mariposa es sólo uno de muchísimos ejemplos, y tal como les ocurre a las orcas cuando se las llama «ballenas asesinas», lo mismo les ocurre a las avispas, con la mala suerte de que ellas no tienen ningún nombre alternativo, por lo que deben soportar sobre sus alas un nombre con una pesada e injusta reputación.

6

Una gaviota en mi boda

Antes de hablar de la profunda admiración que siento por las avispas, quiero hacer un paréntesis y hablar de una de las aves con la personalidad y los comportamientos más complejos del planeta. Es otra de las muchas especies que carga sobre sus alas unos muy variados y pesados prejuicios populares, hasta el punto de que en muchos sitios las han llegado a declarar «animales no gratos» y han emprendido acciones crueles y a veces inhumanas para erradicarlas. Las llaman injustamente «ratas voladoras» o «buitres del mar», aunque esa reputación la han adquirido principalmente durante los últimos cien años, y todo por nuestra culpa.

Para los ornitólogos y amantes de las aves, observar gaviotas es una muy gratificante actividad, incluso para muchos en todo el mundo son sus aves favoritas. Hasta los más experimentados ornitólogos las ven «intelectualmente estimulantes» dada la dificultad para identificarlas, pues, además de que su plumaje va variando entre el primero y el cuarto año de edad, tienen la costumbre de aparearse con otras especies, por lo que hay una infinidad de híbridos que nacen con unas características que hacen casi imposible identificarlas a simple vista.

Más allá de los colores y plumajes de cada especie, a mí

lo que más me apasiona es su comportamiento. ¿Se ha detenido alguna vez a observarlas mientras está tomando el sol en la playa o degusta una rica cervecita en alguna de las innumerables terrazas de las costas españolas? ¡Siempre están observándonos! Aunque las vea ahí echadas sobre la arena tranquilamente, en cualquier momento pueden alzar el vuelo para perseguir a otra en cuanto ven que lleva algo comestible en su boca, o intentan pillar algún trozo del bocadillo que alguien, en un descuido, dejó por ahí.

¿Se ha preguntado por qué nos incomoda tanto su presencia? Probablemente sea porque se nos parecen más de lo que nos gustaría reconocer, y el ejemplo más sencillo está en que, al igual que nosotros, siempre buscan la manera más fácil y cómoda de vivir. Por decirlo de otra forma, son como un reflejo de nosotros mismos, y era sólo cuestión de tiempo que se dieran cuenta de que el paraíso está donde habita el hombre: tienen comida, agua y refugio seguro, por lo que se han mudado a los puertos y ciudades, convirtiéndose en nuestras nuevas vecinas. Tal vez porque son ruidosas, pero creo que su confianza en sí mismas es lo que más nos intimida, incluso más que sus propios hábitos oportunistas.

Desde antes de los años ochenta, hemos observado cómo algunas especies de gaviotas han ido adaptándose a los ambientes alterados por el hombre, y desde entonces han modificado en muchos aspectos sus hábitos de alimentación y de reproducción, llegando a anidar en las azoteas de los edificios y acostumbrándose a darse un baño refrescante en las fuentes de las ciudades. Cuando era estudiante de biología, me impresionó la historia que uno de mis maestros me contó: mientras hacía un censo de nidos de gaviotas en una remota isla del océano Pacífico, un polluelo asustado le vomitó en la cara un trozo de jamón york. Ese acontecimiento le obligó a hacerse la pregunta sobre cómo llegó a este polluelo, echado en un nido a cientos de kilómetros de la costa, un trozo de embutido. Esa asombrosa capacidad de sus padres para encontrar alimento me lleva a plantearme otra cuestión referida a quién es el verdadero culpable de que las gaviotas se internen cada vez más en los continentes y lleguen incluso a anidar cientos de kilómetros tierra adentro, muy lejos de lo que podría considerarse su «hogar». ¿Cómo van a vivir en el mar si no encuentran qué comer? Peor aún: en nuestro afán de ver playas impolutas, se utiliza maquinaria para alisar la arena y retirar cualquier resto orgánico que su perenne oleaje pueda arrojar. De este modo se convierten en playas limpias a los ojos de los humanos, pero estériles y sin vida para los que alguna vez fueron sus habitantes obligados. ¡Qué triste!

Dada su necesidad natural de comer, y su sorprendente capacidad para alimentarse de prácticamente cualquier cosa que encuentran a su paso, en un día cualquiera las gaviotas pueden realizar lo que para los humanos podría compararse con un recorrido cultural y gastronómico tremendamente variado. Tras elegir internarse en el mar en busca de su primera comida del día, prefieren seguir a un barco pesquero y comer algunos despojos, para luego adentrarse en tierra firme y visitar zonas de cultivo en busca de insectos; de paso, se detienen en un vertedero a picotear entre la basura y darse un atracón de moscas y gusanos. Por la tarde, hacen escala en un parque público y se dedican a hacerse las simpáticas con la gente, «rogándoles» un poco de comida, mientras que otras aprovechan la oportunidad de robarle unas cuantas patatas fritas a alguna parejita distraída. Satisfechas, se van a una gran fuente ubicada en una céntrica rotonda para darse un obligado baño sin que las molesten, y terminan posándose en lo alto de unos edificios donde pueden descansar a sus anchas y charlar un poco mientras cae la noche. No está nada mal, ¿no cree?

Admiro su tenacidad y capacidad de adaptación. Por eso mismo, desde hace mucho son objeto de largos y variados estudios de comportamiento con resultados por lo demás interesantes, aunque no hay nada mejor que vivir tu propia experiencia con ellas para conocerlas mejor. Mis experiencias cercanas con gaviotas fueron muy pocas, y se limitaron a algunos rescates de ejemplares jóvenes enfermos que encontraba en la playa, generalmente por alguna intoxicación. En ese entonces, entre mis múltiples trabajos simultáneos, estaba contratado por el hotel Marriott en Puerto Vallarta como el biólogo «oficial» que se hacía cargo de todos los asuntos ambientales del establecimiento, dada su privilegiada ubicación en una importantísima playa donde anidaban cientos de tortugas marinas, y muy cerca de una zona de manglares con cocodrilos, que a veces se aventuraban dentro de los estanques y piscinas del hotel, junto con muchas otras especies, como la boa constrictor, tortugas de río, murciélagos, aves y una familia de mapaches muy testaruda. Además de sentirme absolutamente privilegiado por poder recibir un sueldo y hacer lo que más me gusta, me trataban de maravilla, como si fuese un embajador. Tenía las más absolutas libertades para tomar decisiones en cuanto a temas de naturaleza. Así, el hotel se convirtió durante más de una década en «mi oficina»: mi centro de operaciones y la sede más grande e importante en la región para incubar nidos de tortuga marina y la liberación de sus crías.

Podría seguir con un emocionante anecdotario, pero me centraré en las gaviotas. Ocasionalmente, encontraba aves durmiendo sobre la arena cuando realizaba mis recorridos nocturnos, y no era hasta la mañana siguiente cuando el personal de la playa me llamaba para informarme de que alguna de las aves no podía volar. Así, con apenas unas horas de sueño, regresaba al hotel y la capturaba, teniendo un especial cuidado en evitar que sus no pocos y muy comunes piojillos se me subieran a los brazos e intentaran colonizarme.

Esa mañana, el ave afortunada era una joven gaviota de Heermann (*Larus heermanni*). Era muy confiada y no tuve dificultad en atraparla, aunque debo reconocer que seguramente no se sentía muy bien y por eso no opuso resistencia. La llevé a «la trastienda», que era como yo llamaba a un pequeño y discreto patio-jardín que utilizaban los chicos de actividades del hotel para guardar las tumbonas y «los carritos» para almacenar las toallas sucias, que eran bastante grandes. Con el paso del tiempo y dada la frecuencia de mis rescates, la trastienda parecía más un centro de primeros auxilios que un cuarto trastero. Uno de esos enormes carritos ya lo habíamos utilizado previamente para cuidar a una tortuga marina adulta que había arrojado el mar, llenándolo de agua marina para habilitarlo como un estanque provisional. Teníamos muchos otros materiales que yo llevaba y que ellos gustosamente me guardaban, como recipientes para almacenar serpientes o tortugas, y un transportín para perros donde metí a nuestra recién capturada gaviota. Con unos recursos muy limitados, me guiaba por mis experiencias previas y recibía orientación veterinaria por parte de mi gran amigo Paco Aguilar, un verdadero profesional veterinario que siempre estaba dispuesto a echarme una mano de forma altruista. Generalmente les daba, con la ayuda de una jeringuilla especial, una medicación para combatir las infecciones estomacales y los hidrataba, y a las pocas horas solían mostrar una notoria mejoría.

Esa misma tarde volví para echar un vistazo a nuestra joven gaviota y descubrí que se había recuperado sorprendentemente bien. Aunque no tenía aún fuerzas para emprender el vuelo, los chicos de actividades la habían sacado del transportín y le habían habilitado uno de los recipientes para reptiles como una pequeña piscina de agua dulce, donde se metía a nadar. En sólo unas horas ya era el centro de atracción de los huéspedes y se había ganado la simpatía del personal del hotel, que desfilaba discretamente para visitarla y tomar fotografías. Decidí guardarla de nuevo en el transportín y dejarla dormir hasta la mañana siguiente, cuando le daríamos de comer e intentaríamos liberarla. Esa mañana me presenté a primera hora y de la cocina le llevé unas gambas crudas y un par de trozos de pescado. La sacamos a los jardines junto a la piscina para que le diera el sol, mientras algunos huéspedes madrugadores se acercaban a ver el espectáculo. En un santiamén devoró las cuatro gambas y el pescado. Enseguida saltó a su pequeña piscina privada y se dio un buen baño, salpicando con sus alas todo alrededor. Como si hubiera vivido ahí toda su vida, saltó de nuevo al jardín y comenzó a pasearse, inspeccionando todo cuanto encontraba en el suelo, e incluso mordiendo los cordones de los zapatos de uno de los huéspedes. Continuó su camino y con un sorprendente sentido de la orientación se fue andando hacia las escaleras que llevaban a la playa, escoltada por cinco empleados del hotel, un biólogo, un guardia de seguridad y una decena de huéspedes curiosos. Y así, como si nada hubiera sucedido, comenzó a batir sus alas y alzó el vuelo tras un par de patosos intentos, perdiéndose en el horizonte. Entre bromas, los chicos de actividades me decían que no nos había dado las gracias, aunque estoy convencido de que el ave se fue absolutamente agradecida por nuestra hospitalidad.

Sin duda, mi mejor e inolvidable experiencia con una gaviota ocurrió precisamente el día de mi boda. Dicen que las mejores aventuras son las que no te esperas, y desde luego esta aventura fue totalmente inesperada, cuando a tan sólo dos horas de la ceremonia, llegó a casa una enorme gaviota patiamarilla (*Larus michahellis*) de unos dos o tres años de edad. Menos mal que mi querida Mar me quiere tal como soy y acepta mis excentricidades, pues a pesar de que llegué a la ceremonia media hora tarde y sin peinar, se lo tomó con gran sentido del humor. Pero ¿qué sucedió para que sufriera ese bochornoso retraso? En realidad, la gaviota no llegó sola, sino que me la llevaron para que la cuidara, como una acción desesperada para salvarla de una muerte segura.

Todo comenzó una mañana de diciembre del año 2013, en algún lugar de la provincia de Alicante. Esta gaviota seguramente formaba parte de ese tradicional paseo gastronómico que acostumbran a realizar diariamente en busca de alimento, y aunque para algunas de ellas puede incluso llegar a ser una entretenida y divertida aventura, ésta conlleva un alto riesgo y no todas las gaviotas sobreviven. Esa mañana, un grupo de gaviotas decidió probar suerte en el patio de una escuela en pleno recreo, y nuestra desafortunada gaviota fue alcanzada por una piedra lanzada por un anónimo niño aprovechando que estaba distraída comiéndose los restos de un bocadillo. Conmocionada, intentó escapar sin éxito, y se refugió como pudo en los jardines. Tras fallidos intentos de atraparla, una de las maestras pidió ayuda a nuestra amiga Anel, quien pasaba a recoger a su hijo y es bien conocida por su don especial para rescatar aves. Finalmente, Grisálida, como la bautizó Mar, se dejó atrapar y fue entonces cuando descubrieron que tenía una de sus alas rotas. El problema entonces era buscar a alguien que estuviera dispuesto a operarle el ala con fractura múltiple. Tras hablar con muchos veterinarios y traumatólogos, consiguió que uno de ellos aceptara la complicada misión. Después de una compleja pero exitosa cirugía, se enfrentaba a una larga recuperación antes de que pudiera volar de nuevo.

Ante la negativa de todos sus conocidos para darle cobijo, Anel se vio en la necesidad de llevarla a su casa, donde le habilitó un sitio en la terraza para que viviera allí temporalmente, a pesar de que su marido tenía pavor a las aves. Descubrió entonces que cuidar de una gaviota de ese tamaño no era una tarea nada fácil, sobre todo porque, además, es una de las aves más inteligentes. Al cabo de un par de días de aparente normalidad, Grisálida halló la forma de abrir la jaula que le habían hecho y saltó desde la terraza cuando nadie la observaba. Al volver de trabajar, Anel se encontró que en la piscina de la urbanización había una gaviota, y no tardó mucho en descubrir que era la misma que habitaba en su terraza. Tras un cómico intento de captura acuática que culminó con mi amiga —y la gaviota— dentro de la piscina, Grisálida volvió a su jaula, cuya puerta recibió un considerable refuerzo de seguridad. Mientras tanto, continuaron los esfuerzos por conseguirle un hogar más adecuado, sin éxito. Así aparecimos en el punto de la historia, cuando a mi amiga se le agotó el tiempo y tenía un inminente e inaplazable viaje que duraría dos semanas.

Sin previo aviso, apareció en mi casa con la gaviota metida en una caja de cartón. ¿Cómo decirle que no a una incansable luchadora por los derechos y el bienestar de los animales? Así pues, esa mañana me vi en la tesitura de adaptarle a contrarreloj un refugio en nuestra terraza y asegurarme de que no escapara como lo había hecho antes, ya que fuera de nuestra casa no había piscina sino calles por todas partes. Mientras ataba cosas aquí y allá, organizaba y vallaba con tela para jardinería los muros, veía cómo el reloj avanzaba y llegaba la hora para la cita más importante de mi vida. Debía elegir entre llegar a tiempo a la boda o dejar preparado el sitio para la gaviota. Por supuesto que elegí la segunda opción. No volveríamos a casa hasta la noche y tendríamos una fiesta, por lo que debía dejar a la gaviota segura, con agua y comida. Debo reconocer que nunca había estado frente a frente con una gaviota tan grande, además de que era comprensible que estuviera asustada y me diera unos picotazos de miedo. «Venga, sé buena y sal de la caja, ¡que se me hace tarde!», le decía yo, pero la gaviota se negaba a salir.

El reloj marcaba la una de la tarde y yo debía estar en la puerta del Registro Civil esperando a mi futura esposa. En vez de eso, estaba rogándole a una gaviota que saliera de una caja de cartón. Tras recibir un par de picotazos, la pude sacar de la caja y la metí en un transportín XL para perros que había colocado dentro del trastero. Cubierto con una gruesa manta, serviría de refugio para el frío, al tiempo que le permitía salir con toda libertad y andar un poco por la terraza cuando quisiera. Deseando que en nuestra ausencia no pasara ningún contratiempo, bajé a toda prisa para ducharme y vestirme, aunque era tan tarde que olvidé peinarme y recogerme el pelo, que en ese entonces llevaba bastante largo, por lo que llegué a la ceremonia con el cabello mojado y hecho un desastre. Como anécdota cómica, aún me avergüenzo por lo mal que salí en las fotos, y todavía nos reímos recordando que cuando los invitados le preguntaron a Mar dónde me había metido, ella contestó, con toda naturalidad, que estaba en casa haciéndole un refugio a una gaviota. Ellos, ante su inesperada respuesta, soltaron varias carcajadas y le dijeron: «¡Claro, lo normal es que el novio llegue tarde por hacerle un chalet a una gaviota!», «Tía, lo vuestro es muy fuerte», «¡Menos mal que sois igual de frikis!». Eso sí, a mi llegada todos aplaudieron, y más que preguntarme a mí cómo estaba, me preguntaron cómo estaba la gaviota.

Por suerte, todo marchó bien, y poco a poco Grisálida y yo comenzamos a hacernos amigos, utilizando la comida como método de acercamiento. Le compraba boquerones y cada día comía más. Poco a poco hacía más ejercicio con sus alas, aunque el ala rota tenía una evidente movilidad limitada. Le había quedado un poco fuera de su sitio, tal vez debido a su huida y caída en la piscina cuando estaba recién operada. Para esas fechas yo no estaba trabajando, por lo que pude dedicarle todo mi tiempo y mis cuidados, aunque sobre todo limpiaba sus cosas, que no eran ni pocas ni precisamente aromáticas. Pero disfrutaba de ella, y creo que ella de mi compañía, pues nunca intentó escapar, a pesar de mis deficientes vallas de tela que terminaron rompiéndose con el primer viento de levante. Teníamos un ritual: le ponía una pequeña piscina con agua dulce y una bandeja con comida mientras yo fregaba el suelo. Con la ayuda de una manguera, le proporcionaba una especie de lluvia y ella se bañaba alegremente. Las avispas, otras buenas carnívoras, carroñeras y oportunistas, descubrieron que al mediodía podían encontrar restos de pescado y llegaban todos los días para comerse los desperdicios que dejaba, aunque a veces también las perseguía e intentaba comérselas. Ya había pasado más de un mes y todas las mañanas hacía el intento por levantar el vuelo, por lo que le había habilitado más espacio y le dedicaba más tiempo para vigilarla y cuidar que no saltara el muro de la casa. Cogía una silla, un libro y me sentaba con ella a leer al sol. Pero ella, en lugar de intentar escapar, se bajaba hacia donde yo estaba y se echaba a mi lado.

Un día dio el paso, o mejor dicho, el salto, pues para mi sorpresa se subió a mis piernas. Su cabeza y su enorme pico quedaban justo a la altura de mis ojos y cualquier persona se habría sentido intimidada. Dejé a un lado mi libro con suavidad y me quedé observándola, mientras ella me observaba a mí. Pude ver en sus ojos la mirada de un ser inteligente; no era una mirada fría ni mucho menos, sino que me transmitía una familiaridad que no puedo describir. Me dejó acariciarla y pude tocar las plumas de su cabeza y sus frías patas palmeadas. Me miró nuevamente y luego miró hacia el cielo, girando su cabeza insistentemente como queriéndome indicar algo. Quería volar y se mostraba intranquila cuando otras gaviotas pasaban volando por encima de nosotros, llamándolas con su chillona voz.

Habían pasado ya cuatro meses desde su llegada y su ala nunca había quedado del todo bien, por lo que tuvimos que aceptar la realidad de que por desgracia sería incapaz de volar de nuevo. Teníamos que viajar a México en un par de semanas, donde estaríamos al menos un año. Grisálida se había convertido en un miembro más de la familia y nos pesaba mucho tener que entregarla a otras personas, pues, desafortunadamente, viajar al otro lado del mundo con una gaviota como mascota no es algo que tengan previsto las compañías aéreas. Estudiamos la posibilidad de liberarla en alguna playa solitaria, lejos de la gente, pero ninguna opción resultaba viable, y de nuevo el tiempo corría en nuestra contra. Debíamos encontrarle un hogar definitivo, pero a pesar de ser un animal bastante amigable y fácil de cuidar, tenía un serio problema: nunca supimos qué mala experiencia habría tenido con los perros, pero cuando veía alguno, sufría un ataque de pánico incontrolado, vomitando e intentando huir frenéticamente.

Al final, con la ayuda de unos amigos holandeses, conseguimos que la aceptaran en un refugio privado donde había más aves. Nos ofrecieron una zona vallada para ella con un estanque y una cabaña para refugiarse del frío, y no había ningún perro en la propiedad. Un mes después, recibimos un correo electrónico con fotos de Grisálida; nos contaban que se había adaptado muy bien y en una foto se la veía descansando sobre su cabaña. Para nuestra sorpresa, tan sólo unas semanas más tarde, recibimos la triste noticia de que un perro había entrado en la propiedad, había cavado debajo de la valla y la había matado. Una terrible lección de vida y de muerte, pues a veces olvidamos que por mucho que lo intentamos, no podemos controlar nuestro destino ni el destino de los demás. A veces me pongo a pensar en Grisálida y en su personalidad y me resulta inevitable recordar a Juan Salvador Gaviota, el famoso personaje del libro de Richard Bach. Era una gaviota que no se conformaba solamente con comer y decía: «Somos libres de ir donde queramos y de ser lo que somos». Es verdad: si hay algo que admirar de estas aves es, precisamente, su libertad.

Hace no mucho tiempo, las gaviotas eran consideradas nuestras compañeras en el mar. Avisaban a los marineros del mal tiempo y anunciaban con su presencia la cercanía de tierra firme; se dice que también lloran por los marineros muertos. Ahora, como ya no las necesitamos, nos molestan y las odiamos por ser ruidosas y manchar con sus heces las fachadas y los coches. ¡Qué egoístas podemos llegar a ser!

No cabe duda de que su inteligencia supone un desafío a nuestro entendimiento de por qué y cómo han llegado a ser lo que son hoy en día. Tal vez, viendo cómo se adaptan a nosotros y con nosotros, con esas magníficas alas, con esos elegantes plumajes y con esas posturas que denotan orgullo de lo que son, podríamos aprender mucho de ellas. Son aves monógamas y familiares, atentas y participativas en el cuidado de sus crías; también se implican socialmente y, sobre todo, son muy comunicativas. Juan Salvador Gaviota se despidió con estas palabras: «No creas lo que tus ojos te dicen. Sólo muestran limitaciones. Mira con tu entendimiento, descubre lo que ya sabes, y hallarás la manera de poder volar mejor». Tal vez, si siguiéramos su consejo, si nos guiáramos a través del entendimiento en lugar de los prejuicios, encontraríamos la forma correcta de interpretar la naturaleza y coexistir con toda ella, gaviotas y avispas incluidas.

7
Las avispas de mi vida

Hablando de coexistencia, mi mente y mi corazón vibran como un avispero, así que es tiempo de hablar de esas pequeñas aunque grandes desconocidas avispas, que me han robado el corazón. A pesar de sus dolorosas picaduras, son tan bellas como un rosal, tan interesantes como un cactus y tan incomprendidas como una ortiga.

«Será porque nunca te ha picado alguna», me dijo un día una señora a quien intentaba convencer de que no destruyera un avispero que había encontrado por accidente en una cornisa, donde no molestaba a nadie. La verdad es que hasta hoy en día no necesito más que los dedos de una mano para contar a las personas que estén dispuestas a respetar un avispero en su jardín, y mucho menos a convivir diariamente con ellas. Si usted es una de esas personas, sepa que no es culpa suya y que aún está a tiempo de cambiar de opinión. Desde niños se nos ha enseñado a temerlas, a alejarnos de ellas y a matarlas o destruir sus nidos en la primera oportunidad. Somos muchos quienes hemos sufrido alguna dolorosa picadura, pero pocos somos los que nos hemos detenido a analizar por qué nos han picado. Algunas son picaduras accidentales, inesperadas o podríamos incluso considerarlas injustas, pero hay que reconocer que la gran mayoría podrían evitarse, pues aunque usted no lo crea, en realidad no es tan sencillo que una avispa nos pique sin provocación.

La primera picadura que sufrí fue aún siendo niño, tan accidental e inesperada como dolorosa, pues me la llevé en mi garganta. Para ser preciso, me picó en la úvula, comúnmente llamada «campanilla», y ocurrió cuando, durante uno de nuestros tradicionales viajes de camping, me serví un vaso de limonada y me lo bebí sin percatarme de que dentro había caído una avispa negra. Menos mal que mi padre es médico e iba bien preparado con toneladas de antihistamínicos y medicamentos varios. Ése fue un caso fortuito en el que la avispa se vio atrapada e intentó defenderse y, sorprendentemente, ese mecanismo de defensa le permitió sobrevivir, ya que tras la picadura mi organismo reaccionó expulsándola de vuelta al mundo exterior. Aunque la escena que provoqué no fue precisamente la más memorable, sí resultó divertida para quienes la presenciaron.

Con doce años de edad, yo me sentía un niño grande e intentaba hacerme el interesante con las visitas. Durante nuestros viajes no solíamos recibir visitas inesperadas que no fueran animales silvestres, pero en esa ocasión habíamos instalado nuestro campamento muy cerca de otros aventureros como nosotros, y entre ellos habíamos descubierto que estaba un famoso cantante y autor de los boleros más conocidos de la historia, a quien, por cierto, todos admiramos, especialmente mi madre. Mi hermano Hugo fue quien lo reconoció y nos trajo la noticia. «¡Aquí al lado está Armando Manzanero!», nos dijo con gran emoción. Mi madre, incrédula, repetía una y otra vez: «¡Si no canta, no le creo!», y Hugo, con esa personalidad carismática que le caracteriza, no tardó en invitarlo a comer con nosotros, con la esperanza de sacar su guitarra y que en la sobremesa se pusieran a cantar alguna canción.

Y ahí estábamos todos, supernerviosos por tener a una estrella internacional sentada a nuestro lado alrededor de una mesa plegable y unas frágiles sillitas de tela. Cerca de ahí, en otra mesita bajo la sombra de un árbol, mi padre había colocado un enorme termo lleno de hielo y agua, con muchísimo azúcar y zumo de limón, perfecto para apaciguar un poco el bochornoso calor tropical. Ayudé a servir la bebida en unos pequeños vasos de plástico y a repartirlos, para luego regresar y servirme un poco para mí. Seguramente, nuestra intrépida avispa había descubierto que al introducirse dentro de la boquilla del termo podía tener acceso al azucarado néctar, pero estando dentro era imposible verla mientras llenaba el vaso. Fue así como tuve la mala suerte de servirme justo en ese momento y beber ese trago picante cuando estaba de pie frente a nuestro invitado de honor. No hace falta tener mucha imaginación para visualizar la escena: tosí con tal fuerza que salpiqué de limonada de pies a cabeza a todos quienes tenía enfrente. Por si eso no fuera suficiente, mi estómago y mis pulmones entraron en una fase nunca antes descrita de coordinación total, vomitando el desayuno y gritando de dolor al mismo tiempo. ¡Vaya espectáculo! Mi padre entró en acción como el mayor superhéroe de la historia, salvando al inocente niño víctima del impredecible destino, mientras mi hermano recogía a la atolondrada avispa, susurrándole: «¡Pobrecita, casi te comen!», y la colocaba a salvo en la corteza de un árbol. Por supuesto, ante tal desastre, nuestro invitado se despidió y se retiró amablemente, sin comer y sin haber cantado una sola canción. Eso sí, décadas después de tal suceso, sigo escuchando las burlas de mi familia sobre lo peligroso que es beber limonada a mi lado, y sobre lo maravillosa que podría haber sido la velada... si yo no la hubiera estropeado. ¡Ay, qué vergüenza!

A pesar de esa mala experiencia, toda mi vida he respetado los avisperos que ha habido en las casas donde he vivido y nunca me he llevado ninguna picadura por mi interacción directa con ellas; es decir, que las veces que me han picado ha sido porque no tuvieron otra alternativa: la desafortunada avispa que me bebí, y dos más que chocaron con mi cara mientras iba conduciendo la moto. Debo reconocer que para mantener mi récord de picaduras en un honorable «cero», he tenido que correr más de una vez, gracias a estar atento a sus señales de advertencia. En algunos casos, las advertencias que nos dan son muy fáciles de percibir e interpretar, como cuando un gato se eriza y le hace «fu» al perro que se asoma por la ventana. Si el perro continúa molestándolo a pesar de sus advertencias, se llevará un buen arañazo en el morro. Pero en ocasiones sus mensajes son mucho más sutiles y es necesario que nos esforcemos un poco en dedicarles atención para interpretarlos claramente. ¿Quiere un ejemplo de mensaje sutil de las avispas? Sus colores amarillos o anaranjados son una clara advertencia de su peligrosidad, enviados a través de un mensaje pacífico y muy directo.

Por ejemplo, aquellas que están en su avispero suelen ponerse en alerta cuando uno se acerca demasiado, pero no atacarán si no hacemos ruidos o movimientos violentos que les indiquen que están en peligro. Incluso antes de picar, pueden realizar una serie de vuelos rasantes para hacerte retroceder; el problema surge cuando reaccionamos agresivamente contra ellas. En ese momento sus sospechas son confirmadas, detectan que la amenaza es real y lanzan un mensaje aromático de alarma, liberando feromonas que dicen «necesito ayuda», y ahí es cuando sale el avispero entero en nuestra persecución. El pasado verano puse a prueba mi teoría cuando debía podar unas ramas de un ciprés en el que había un avispero, y eso incluía la necesidad de utilizar un cortasetos de gasolina. Había quien me decía: «Córtalo de noche y mátalas», pero me negué rotundamente. Con gran cuidado y listo para soltar la máquina y echar a correr, hice mi trabajo con movimientos suaves y corté todas las ramas de alrededor sin contratiempos. Sólo me faltaron unas pequeñas ramitas que estaban a unos centímetros del avispero, las mismas que decidí cortar a mano con la ayuda de una pértiga de color rojo y amarillo. Estuvieron más atentas a la pértiga que al mismo cortasetos, pero tras un par de sobrevuelos de inspección, las más nerviosas regresaron al avispero. Finalmente, tras ocho días podando el ciprés, logré terminar sin que ninguna avispa o humano hubieran resultado dañados... ¡Es broma! Sólo tardé media hora de esfuerzo y una tortícolis de miedo.

Cuando hacemos un picnic o estamos en un parque o alguna terraza fresca, las avispas y las abejas, conocedoras del azucarado contenido de nuestras bebidas, se acercan confiadas a nuestros vasos de refresco y, si nos descuidamos un momento, suelen caer dentro. Esas pobres amigas aladas pueden ser rescatadas tranquilamente con nuestro propio dedo sin picarnos, ya que lo único que quieren es aferrarse a algo y salir de ahí, y esto se puede aplicar también a las que caen en las piscinas en busca de agua para beber. Solo hay que colocarlas sobre una servilleta, la manga de la camisa o nuestra misma mano y se quedarán ahí, intentando secar sus alas y antenas antes de emprender de nuevo el vuelo. ¡El momento ideal para observarlas de cerca sin correr peligro!

Para evitar sus picaduras, sea cual sea la razón, lo mejor es que conozcamos y aprendamos a distinguir las especies más comunes de la región, ya que la gran mayoría son del todo inofensivas ¡y muchas ni siquiera tienen aguijón! Pero mi mejor consejo, con independencia de su tamaño y peligrosidad, es que siga esta regla básica y extremadamente sencilla: ¡no se meta con ellas! Y esto incluye respetarlas y guardar las distancias.

Durante el verano pasado, un vecino nos reprochaba que, según él, «cientos de avispas» van a beber al pequeño recipiente con agua que les ponemos a los gatos de la calle frente a la puerta de casa, y me aseguraba que ya «nadie» se atrevía a pasar por ahí. Es verdad que esas pobres avispas (las mismas que tengo supercontroladas y que no suman una decena) habían encontrado por fin un lugar donde beber agua durante el caluroso y seco verano mediterráneo, y yo me sentía muy orgulloso de que finalmente pudieran tener un sitio donde saciar su sed. Cada vez que salía de casa me detenía un momento a observarlas aterrizar en el agua con gran destreza, o posarse sobre una pequeña piedra que coloqué en el centro del recipiente para que no se ahogaran. Tras un par de segundos bebiendo, echaban de nuevo a volar y seguían su camino. Pero mi vecino, en cambio, sólo podía ver una horda de avispas asesinas en busca de víctimas y no atendió a razones. Ante el riesgo de ser denunciados y que este malentendido desencadenara una guerra vecinal sin sentido y afectara a la colonia de gatos que alimentamos, no tuve otra opción que bajar los recipientes a la calle y colocar una pantalla de madera para evitar que estos recipientes de agua y comida se vieran desde la acera cuando la gente pasaba caminando, asumiendo la posibilidad de que éstos y la caja desaparecieran misteriosamente. Por fortuna, tenemos una hermosa terraza que con el paso del tiempo hemos ido acondicionando como un refugio verde, y coloqué ahí otro recipiente el triple de grande, sin olvidar la piedra en el centro.

Han pasado los meses y le puedo dar tres buenas noticias: la primera es que por ahora nadie se ha quejado de nuevo, la segunda es que nuestros vecinos ya no nos dirigen la palabra (cosa que agradezco) y, por último pero más importante, que las avispas están utilizando también el bebedero de nuestra terraza (pongo cara de profunda satisfacción).

Y ahora me pregunto si de verdad está justificada esa

paranoia «antiavispas» que ha invadido España en los últimos meses. Desafortunadamente, los medios de comunicación se han hecho eco al difundir alarmantes aunque verídicas noticias sobre las picaduras y muertes que han ocurrido en el norte del país a causa de la invasora avispa asiática (*Vespa velutina nigritorax*). Han sido muertes trágicas en que las víctimas no pudieron protegerse y recibieron gran cantidad de picaduras, o en algunos casos eran alérgicas a su veneno. Por desgracia, los medios divulgaban en ocasiones imágenes de avispas autóctonas en lugar de la especie asiática, creando (aún más) un rechazo absoluto a todo tipo de avispas sin importar la especie a la que pertenecen. Si su reputación ya de por sí era mala, ahora se destruyen avisperos y se matan avispas indiscriminadamente.

Existen más de 5.000 especies en todo el mundo, aunque en España tan sólo tenemos 162 especies identificadas, muchas de las cuales son inofensivas y no tienen aguijón. Tenga en cuenta que sólo las hembras disponen de ese temido aguijón, que en realidad es un órgano para depositar sus huevos. Aunque sólo unas pocas especies han desarrollado la capacidad de utilizarlo para picar, son más abundantes las hembras que los machos y por eso nos puede dar la sensación de que todas tienen aguijón. Además de utilizarlo como medio de defensa, también es la herramienta que emplean para inmovilizar a otros insectos, arañas o incluso pequeñas serpientes, que sirven de alimento para sus larvas o para ellas mismas. De ahí su importancia en la naturaleza, pues son un eficiente control biológico de infinidad de insectos y arácnidos que, sin ellas como depredadores, se multiplicarían de forma incontrolada.

Más de doscientos millones de años de evolución han permitido a algunas avispas desarrollar la capacidad de controlar la mente de sus víctimas, que se convierten en el alimento vivo de sus larvas. Tan eficientes son, que en algunos casos les inoculan con precisión quirúrgica uno o varios huevos, junto con un cóctel de sustancias que, aunque les hace cambiar de comportamiento, les permite seguir vivas y alimentándose mientras en su interior las larvas se las van comiendo poco a poco. Vamos, que las convierten en insectos zombis, esclavizados y manipulados para entregar sus vidas nutriendo y protegiendo a un huésped que no saben que llevan dentro. Otras avispas han formado convenientes alianzas con algunas plantas, pues éstas, a través de feromonas que liberan en el aire, les informan cuando detectan que sobre sus hojas hay orugas invasoras. Hasta tal punto llega esta especialización, que las plantas pueden avisar a la especie exacta de avispa que se alimenta de la oruga que le está pegando bocados a sus hojas.

Asimismo, se habla poco de que las avispas también son polinizadoras: más discretas, es verdad, pero tan importantes como las mismas abejas, quienes por cierto, junto con las hormigas, son descendientes del primer linaje de avispas. Gracias a ellas siempre tenemos frutas y verduras, incluyendo los deliciosos higos que dependen de unas minúsculas avispas que anidan dentro del fruto. Así que la próxima vez que piense en colocar esos terribles y crueles cebos para avispas que le venden en cualquier supermercado, tenga en cuenta que esas trampas no ayudan en nada sino que perjudican no sólo a las avispas, sino también a sus árboles frutales, porque disminuyen sus polinizadores y porque no habrá quien se coma a esas orugas devoradoras de hojas.

Tal vez, lo más sobresaliente sea su admirable ingeniería, pues son verdaderas especialistas en construcción y aislamiento térmico, cuyo trabajo ha sido replicado por los humanos. Sus avisperos circulares —y aparentemente feos y sin atractivo— son en realidad un laberinto de ecuaciones matemáticas diseñado para albergar a cientos de avispas, se mantienen muy bien protegidos del calor y del frío y son sorprendentemente ligeros y resistentes. También hay muchas especies que han elegido la vida en solitario, como las avispas alfareras, que utilizan el barro y la saliva para hacer curiosas cuevecitas para que dentro se desarrollen sus huevos y larvas. Algunas prefieren cavar guaridas bajo tierra y otras han elegido vivir sobre la superficie, como aquellas que no tienen alas y a simple vista nos podrían parecer unas simpáticas hormigas aterciopeladas. Tal es el caso de la avispa mediterránea *Ronisia barbarula*, conocida como «hormiga araña», aunque también lo sea por su dolorosa picadura. ¡Más vale ver y no tocar!

Si yo pudiera comparar a las avispas con algún oficio humano, me resultaría imposible escoger solo uno. Puede que las seleccionara como un grupo de élite altamente especializado, dedicado a ejecutar aquellas misiones que nadie más se atrevería a realizar. Su lema sería: «Hacemos los trabajos más arriesgados con la mayor precisión», cosa que en cierta forma hacen, y en muchos países ya se crían artificialmente y son utilizadas como control natural de plagas. Si algún insecto pudiera salvar al mundo, creo que definitivamente serían las avispas. Usted, ¿qué opina?

8
Un pececillo en mi biblioteca

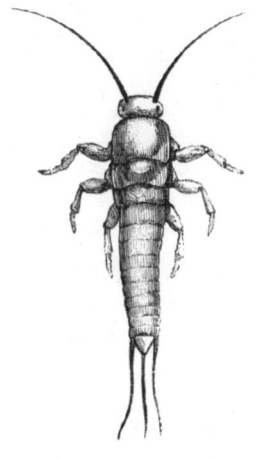

Las avispas por sí solas me darían tema suficiente para escribir toda una serie de libros de terror y no ficción, con tantos secretos y extraños comportamientos que cada día se siguen descubriendo y documentando. Pensando precisamente en extrañas costumbres, mi mente comenzó a hacer un inexplicable cruce de ideas que me llevó a reflexionar sobre uno de los insectos que más me intrigaron desde que era pequeño, y que siendo adulto pude constatar sus grandes capacidades para hacerse notar, a pesar de que no se les puede ver debido a su gran discreción. Son como una adivinanza viviente: «Tiene escamas en su cuerpo y no es mariposa, se mueve como un pez pero no nada, le llaman pececillo pero no vive en el agua. ¿Qué es?». ¡Es una adivinanza digna de un concurso de televisión!

Estoy hablando nada más y nada menos que de los pececillos de plata o lepismas, aunque, según sus características y costumbres, también se les conoce como cola de cerdas, pececillos de cobre, tisanuros, termobios, insectos de fuego o peces polilla, por mencionar algunos nombres vulgares de las casi 1.400 especies que hay en el mundo. Aunque son todas muy distintas, a simple vista nos pueden parecer todas iguales, por lo que me referiré a todos ellos como pececillos de plata, el nombre más ampliamente utilizado. A los más eruditos y especialistas en la clasificación taxonómica de los arqueognatos y los zygentomas les ofrezco una sincera disculpa por mi forma poco profesional de clasificarlos.

Estos pequeños insectos son aplanados, con apariencia de crustáceo y con forma de zanahoria, sin llegar a superar los 2 centímetros de longitud. Son poco conocidos porque la gran mayoría viven alejados de nuestra vista, adoran esconderse bajo la hojarasca de los bosques o vivir confortablemente dentro de alguna cueva u hormiguero, pero hay unas pocas especies que han elegido vivir a nuestro lado, en todos los rincones húmedos de la casa. Dada su extraña pasión por los libros, las viejas fotografías y el papel tapiz, me gustaría poder hablarle de un verdadero salto evolutivo, un milagro en el que algunos insectos de pronto hayan aprendido a leer, a apreciar el arte y el buen gusto. Pero no es así, aunque tal vez algún día nos den la sorpresa.

Debo reconocer que nuestros protagonistas son más bien unos insectos que tienen mucho parecido con algunas personas, y no me refiero a su piel escamosa, sino a su desarrollado gusto por los libros, los mismos que los «devoran» en un santiamén y ya están buscando el siguiente. Admiro de verdad la inexplicable capacidad que tienen algunos amigos para encontrar tiempo y conseguir leer durante horas todos los días, a pesar de sus múltiples obligaciones cotidianas. Finalmente, nuestro amigo Alberto nos reveló su secreto: lee de noche y duerme poco, aunque creo que el insomnio que sufre tiene mucho que ver con su gran capacidad de lectura. Nuestros pececillos de plata prefieren también la complicidad de la oscuridad, aunque no necesitan de ninguna luz encendida en la mesilla de noche. ¿Será por eso que a veces ni siquiera nos enteramos de que viven con nosotros? Seguro que se conocen nuestra colección de libros a la perfección, probablemente mejor que nosotros, incluyendo aquellos libros que tenemos colocados en lo más alto de nuestra biblioteca, ordenados y resguardados por su gran valor sentimental.

En esta ocasión realizaré una narración cronológicamente inversa, es decir, que comenzaré por contarle la última hazaña en la que me vi involucrado, para no decir «afectado» por nuestros pequeños amigos. Ese día me enfadé bastante, pero terminé perdonándoles su inocente travesura. A fin de cuentas, son unos glotones con un paladar exquisito, por lo que no les guardo rencor.

Hace ya algunos años, guardé cuidadosamente uno de mis más preciados reconocimientos que he recibido por mis esfuerzos en conservación de la naturaleza: El Roble de Oro. Quienes me lo dieron —los directivos del prestigioso Jardín Botánico de Puerto Vallarta— se esforzaron en entregarme un reconocimiento que contuviera en sí mismo la esencia de la naturaleza: utilizaron un hermoso papel natural hecho a mano, impreso con tintas ecológicas, y plasmaron en él una ancha hoja de roble endémico cubierta de una capa de pintura dorada. Ahora que lo pienso, sería más natural que la hubieran recubierto de oro de verdad, pero bueno, así es la vida de injusta.

En fin, antes de volver a España lo envolví con papel de

periódico y lo coloqué dentro de una caja de cartón, en una cálida y oscura bodega en casa de mis padres. El año pasado, cuando fui a visitarlos, decidí traerlo de regreso conmigo, y me encontré con la sorpresa de que sólo quedaba el marco con su cristal, la hoja dorada y un poco de polvo gris que supongo que era el resultado del proceso natural de la digestión de la celulosa. Me llevé las manos a la cara y grité de frustración, al más puro estilo de la famosa escena de *Solo en casa*. ¡Qué tristeza! Tan sólo quedaba un marco vacío, ahí donde alguna vez hubo un precioso documento de gran valor sentimental y, al vaciar el contenido del resto de la caja, vi cómo caía al suelo una familia entera de regordetes pececillos de plata que estaban tan sorprendidos de ser descubiertos como yo de encontrarme con lo que fue su bufet libre. Menos mal que me quedan algunas fotos de ese memorable momento donde puedo demostrar que mi hoja dorada de roble alguna vez formó parte de ese biodegradable premio.

Mis padres me juran y me perjuran que hacen ruidos de noche, aunque nunca los he escuchado y no he encontrado información al respecto. Ambos me cuentan más o menos la misma historia, en la que describen que de niños, por la noche, escuchaban en sus habitaciones una especie de susurros detrás de los viejos cuadros que colgaban de la pared, y cuando los descolgaban descubrían que en ellos habitaba una gran cantidad de pececillos. Yo les creo, me imagino que como eran otros tiempos en los que el papel tapiz era muy común en las casas y el engomado que se utilizaba tenía menos componentes tóxicos, estos animalillos vivían tan saludablemente que se chivaban sobre los mejores sitios para comer y cantaban de alegría cuando se reunían a comentar las comilonas que se pegaban. Si usted ha sido testigo de sus susurros o sabe de alguien que los haya escuchado, por favor, ¡no dude en ponerse en contacto conmigo!

A diferencia de otros insectos de gran belleza como las mariposas, éstos no gozan de buena reputación ni tampoco han obtenido protagonismo alguno en cuentos, fábulas, ni en las novelas o poemas en toda la historia de la literatura. Probablemente por eso y a modo de venganza, estos pequeños bibliófagos hayan decidido alimentarse de las obras literarias, sin importarles su género o autor. «Pececillo de plata» es un nombre muy acertado, ya que a pesar de ser esquivos y huidizos, sus observadores pudieron darse cuenta de que sus movimientos al correr son similares a los de un pez nadando, pero sobre todo porque están totalmente cubiertos de minúsculas escamas que los hacen extremadamente resbaladizos para escapar de sus depredadores (por ejemplo, las arañas), y como ocurre con las alas de las mariposas, también al tocarlas se les desprenden con facilidad, dejando en nuestros dedos un fino polvo de colores. Quedé asombrado la primera vez que vi sus escamas al microscopio, pues no son redondas como las de los peces sino que terminan con una silueta irregular que me recuerda los pétalos de una margarita, que, adheridos de manera uniforme a su cuerpo, son igualitos al plumaje que una paloma exhibe en su cabeza. El color plata es el más común, aunque también los hay de colores bronce o dorado, que, por cierto, son relativamente fáciles de observar en el Mediterráneo si se busca en el sitio adecuado.

Volviendo al interior de nuestras casas, se les suele encontrar merodeando entre los libros u ocultos en el interior de su lomo, aunque es común verlos también en alacenas y baños, debido especialmente a su predilección por los lugares húmedos. Si desea conocerlos más de cerca, le animo a investigar sobre las dos especies más comunes en los hogares españoles: *Lepisma saccharina* y *Ctenolepisma longicaudata*; la primera es nativa y la segunda es exótica y más fácil de encontrar. Si el tema le resulta aburrido, por lo menos eche un vistazo a sus fotografías, para luego hacer una expedición a los sitios más oscuros e inexplorados de su hogar en busca de estos misteriosos habitantes de la humedad. Eso sí, por favor, ¡no los mate! A fin de cuentas y por su reducido tamaño, las cantidades de papel o azúcar que pueden llegar a consumir son verdaderamente insignificantes, y no debería preocuparnos el hecho de que puedan convertirse en plagas, teniendo en cuenta que sólo pueden tener entre 30 y 50 crías a lo largo de sus longevas vidas, que alcanzan los cinco años.

Probablemente, su mayor curiosidad científica es que son verdaderos fósiles vivientes; pues aún conservan la forma y las características típicas de los primeros insectos que habitaron nuestro planeta, cuando no tenían alas. Además de la ausencia de alas, estos insectos todavía cuentan con otras peculiaridades primitivas, como su forma de reproducirse: las hembras recolectan el semen que los machos dejan por ahí, empaquetado y atado con una especie de seda que ellas deben encontrar, y cuando no hay machos o no encuentran esos paquetes, las hembras se reproducen por sí mismas a través de un método que se denomina «partenogénesis», algo así como crear clones de ellas mismas. ¡Qué aburrido! Debo agregar que, en mi humilde opinión, ambos métodos son muy poco divertidos, pues algo de cariñitos no le viene mal a nadie.

Respecto a su dieta, saber que pueden alimentarse de nuestros libros y fotografías más preciadas, o incluso destruir ese antiquísimo y horrible papel tapiz de casa de los abuelos, puede hacernos tomar la más drástica decisión para erradicarlos, pero en su defensa debo pedirle que no los culpe por su glotonería, pues basta con ventilar y eliminar la humedad del sitio para que desaparezcan. Tenga en cuenta que, a excepción de éstas, el resto de las especies se pueden considerar «recicladoras», dedicadas a degradar la materia orgánica de los bosques.

Quiero finalizar compartiendo con usted unos fragmentos de lo que probablemente sea la única y hermosa mención literaria que he encontrado en honor a estos pequeños devoradores de libros, de mano del escritor valenciano Juan José Millás en 1998:

... vive en los libros igual que un delfín en las profundidades del océano (...). El lepisma ignora también la existencia del lector que abre en dos su mundo como Moisés separó las aguas del Mar Rojo (...). Quizá el universo no sea más que un gigantesco libro que alguien lee con pasión mientras nosotros, sus lepismas, navegamos por él pese a ignorar su sintaxis. A ese lector gigante le dedico este artículo (u oración) con el ruego de que, cuando se canse de leer, cierre el libro sin violencia, para no hacernos daño.

Que así sea.

9

Las salamanquesas más besuconas

Espere un momento, que aún no es tiempo de salir de casa, seguimos recorriéndola palmo a palmo. A veces a gatas, a veces sobre una escalera, continuamos explorando cada rincón, a ver qué sorpresa nos encontramos. No perdamos la motivación, porque en nuestros hogares hay más habitantes de los que podemos imaginar, sobre todo en climas más generosos como es el mediterráneo.

Buscando entre las grietas y rendijas de los muros exteriores y también, por qué no, detrás de los enormes cuadros viejos que aún cuelgan de las paredes de la casa de los abuelos, podremos hallar unos pequeños pero verdaderos héroes antiinsectos. Aunque generalmente ni siquiera nos damos cuenta, cada noche nos ayudan alegremente a que haya menos de esos indeseados habitantes de seis y ocho patas, cucarachas incluidas.

A pesar de que se las ve más activas durante el verano, el resto del año están también ahí, aunque bastante aletargadas, ya que son animales de sangre fría, ahora llamados por el término «poiquilotermos», sin duda una palabra de concurso de televisión. Las llamamos salamanquesas, y ese nombre también sería merecedor de un documental de televisión por toda la historia y misterio que lleva implícito, pues al igual que algunos de los protagonistas de este libro, lleva a cuestas una maldición que les ha costado muy cara, a pesar de ser, como generalmente ocurre, del todo inofensivas y beneficiosas para el medio ambiente y el ser humano.

Empecemos hablando de su calumniado nombre en castellano que surgió desde al menos el siglo XIII, en plena época medieval. Como ésta es una de esas historias típicas donde la pescadilla se muerde la cola y no sabemos a ciencia cierta qué fue primero, si el huevo o la gallina, lo resumiré con las dos palabras con las que están relacionadas: «salamandra» y «Salamanca».

Todos conocemos a las salamandras, unos anfibios con forma de lagartijas regordetas pero de piel fría, lisa y sin escamas, que salen de noche y desaparecen misteriosamente bajo tierra. A pesar de que a simple vista se las puede distinguir a la perfección, aún hoy en día sorprende que se las confunda con las salamanquesas. En la Antigüedad, tanto a las salamandras como a las salamanquesas se las llamaba «salamandras», sin importar que prefirieran vivir bajo la húmeda hojarasca del bosque o debajo de las tejas de un antiguo techo. Y así, sin que se las consultara, ambas cargaron con la misma culpa desde el Medievo. ¿Qué culpa?, se preguntará usted. Pues la de ser un animal diabólico, amigo de la noche, del fuego, comúnmente utilizado en la magia negra y la brujería. Se creía que ambos animales eran capaces de hacer cosas sobrenaturales, resistían el fuego y se refugiaban en él, por lo que se les relacionaba con el mismísimo infierno. ¿De qué otra forma se podría explicar que nuestra pequeña protagonista pudiera caminar y deslizarse sobre paredes y techos? ¡Eso era obra del demonio!

Luego aparece nuestra segunda palabra, «Salamanca», cuyo origen es aún incierto y se pierde en los capítulos de la historia celtibérica y prerromana. ¿Cómo esta palabra entra en el hilo de la historia de las salamanquesas? Porque ahí se fundó la primera universidad del mundo hispánico en 1218. ¡Vaya lío! Intentemos por un momento remontarnos a aquella época medieval, imaginando a su gente, llena de miedos y creencias oscurantistas. En esa recién creada Universidad de Salamanca se estudiaban cosas tan extrañas para la época como la medicina, la teología y la música, entre muchas otras más. Eso era algo incomprensible, o al menos lo era para muchas personas, por lo que a esta universidad y a la misma ciudad se las terminó relacionando con la práctica de las artes oscuras y la nigromancia, una forma de magia negra en la que se utilizaban cadáveres humanos para la adivinación y la brujería. Así pues, por alguna extraña razón de la vida, la gente comenzó a identificar y reconocer a las salamanquesas, que seguramente eran vistas al recorrer los hermosos muros de la universidad. La denominación «salamanquesa» la relacionaba directamente con Salamanca y le dio la identidad de su universidad, supuesta sede de actividades oscuras.

¿Quiere que agreguemos un dato más a este misterioso giro histórico? A la salamanquesa, en el sur de Castilla y León, se la llama «aldabón», mientras que en otras zonas de España, como Extremadura y Aragón, la conocen como «saltarrostro» o «esgarrarropas». En un sitio es un ser incomprensible, en otro se comporta como la aldaba de una puerta, en otro te salta a la cara y en otro gusta de rasgar y comer nuestra ropa. Sin duda, cuatro grandes ejemplos de la capacidad de observación e imaginación del ser humano, según la región y la forma de ver las cosas que nos rodean.

Siguiendo con los misterios que enmarcan a nuestra protagonista, debe usted saber que en España sólo existen dos especies de salamanquesas (*Tarentola mauritanica* y *Hemidactylus turcicus*), y mientras más al sur nos encontremos, más fácil será verlas. Pero aunque su presencia en tierras ibéricas se pierde en la Antigüedad, son especies que se introdujeron desde el norte de África, siempre acompañando a los incansables viajeros humanos. Sin embargo España no es el único caso, y tal vez debamos considerar a la familia *Gekkonidae* como la pionera de la globalización. El ejemplo más reciente es su nombre genérico, que se ha hecho popular alrededor del mundo en sólo unas décadas: «gecko» o «geco» proviene de la palabra malaya *gekko*, que describe uno de los muchos sonidos que estos animales producen, llamados vocalizaciones.

Es curioso que de toda la multitud de reptiles que existen en el mundo entero, las salamanquesas son las únicas con la capacidad de vocalizar, la misma que utilizan para comunicarse y decir cosas como: «Oye, vete de aquí, que es mi territorio», o bien: «Oye, ven aquí, que estoy dispuesto a aparearme». Aunque nuestras especies españolas son poco conversadoras, la cosa cambia cuando entran en celo y tienen una necesidad por demás comprensible de comunicar sus deseos. Hay especies bastante ruidosas en otros sitios del mundo, como el gecko casero común del Sudeste asiático, el *Hemidactylus frenatus*.

La primera vez que la vi, desconocía del todo su origen y su comportamiento, así que sus movimientos y sus sonidos me resultaban novedosos y atractivos, aunque no la conocí en Asia sino en un pequeño pueblo costero del océano Pacífico, en México, adonde llegaron hace cientos de años durante el comercio de la Nueva España con países asiáticos. La llaman «besucona», y no me extraña porque sus sonidos son asombrosamente parecidos a alguien que está mandando besos cortos, rápidos y continuados. En esas latitudes costeras, gracias a su clima, la presencia de insectos es a veces abrumadora. Y ahí están, por todas partes, en cada casa, en cada edificio, en cada farola. Apenas oscurece y ya están reuniéndose por decenas alrededor de las luces que atraen montones de insectos tan variados como moscos, libélulas, grillos de árbol, mariposas y escarabajos. Son pequeñas, aunque feroces defensoras de sus territorios, por lo que continuamente están en disputa con otros miembros de su mismo sexo. Pero comida hay para todos, así que a la hora de comer dejan sus diferencias aparcadas y se dedican a capturar sus presas dando pequeños aunque veloces y certeros saltos sobre ellas.

Durante el día es imposible verlas, pero se las puede descubrir fácilmente levantando los cuadros de la pared, y cuando esto ocurre, echan a correr por techos y paredes como si no hubiera un mañana. Para ellas lo que no existe es la fuerza de la gravedad; cualquier escalador profesional daría todo lo que tiene para obtener semejantes habilidades. Sus dedos están tan especializados que pueden literalmente adherirse a cualquier superficie. Esta capacidad se explica científicamente por «las fuerzas de Van der Waals», pero me basta con decirle que el secreto está en el recubrimiento de sus dedos: millones de microscópicas estructuras cóncavas llamadas «nanopelos» que son capaces de producir una poderosa atracción a nivel molecular.

Otra de sus curiosidades es que cuando se las ve, es muy sencillo descubrir quién es el macho y quién es la hembra, al menos en la especie asiática. Su piel es sumamente delgada y pálida, lo que le da un cierto nivel de transparencia, hasta el punto de que se pueden apreciar sus costillas y sus vísceras. En el caso de las hembras, y como se reproducen durante todo el año, es posible apreciar dentro de sus barrigas dos huevecillos ovalados y blancos, que acostumbran a esconder dentro de los muebles. Ay, pobres huevecillos que terminaban pegados dentro de mis calcetines, y pobres de mis pies que sufrían en carne propia el inesperado e inevitable despachurramiento.

¿Se acuerda de lo aburrido que era el apareamiento de los pececillos de plata? Pues digamos que estas desafortunadas besuconas tampoco han evolucionado mucho más. Como ocurre con los gatos, el macho salta sobre ella y le muerde el cuello para inmovilizarla, dejándole muy poco margen de respuesta y quizá de satisfacción, aunque uno nunca sabe. Normalmente hay suficientes hembras y machos, pero por si no existiera ningún macho con quien reproducirse, pueden guardar su esperma durante ocho meses. Si pasado ese considerable período de tiempo no pudieran encontrar a ningún macho, son también capaces de poner huevos fértiles con pequeños clones de sí mismas. Vamos, ¡las previsiones normales para un gecko!

Vale, puede que sean un poco feas, o que pueda dar un poco de grima verlas limpiarse los ojos con la lengua, pero más allá de su apariencia y sus enormes ojos de gato, hay que reconocer que son animales verdaderamente sorprendentes. No haga caso de lo que se dice de ellas: no son venenosas, si las tocas no te quedas calvo, si te caen encima no te manchan la piel, ni te queman, y mucho menos se crea eso de que vienen del infierno. Simplemente son animales que han sabido adaptarse a vivir con nosotros, y que si los protegemos en casa podemos evitar el uso de insecticidas (eso sí que es tóxico y peligroso). Así que ya lo sabe: ¡que vivan las salamanquesas!

◄ Mis hermanas Adalhí y Mahely juegan conmigo y con nuestros gatitos en la casa.

▼ Adalhí y yo al lado de la famosa camioneta amarilla con la que recorrimos todo México.

▲ Yo con la iguana de mi hermano Hugo y al fondo nuestro perro Nikon.

► Mis hermanos, hermanas y yo con mi madre y uno de sus inseparables gatos.

◄ Yo marcando, midiendo y desparasitando a una tortuga golfina.

▲ Un militar escoltando una tortuga en Puerto Vallarta.

▲ Mar cuidando tortuguitas mientras salen de la arena en una playa solitaria.

▶ Una espectacular higuera estranguladora en medio de la selva.

▶ Mi amigo el pulpo, escondido entre las rocas.

▼ Una orca hembra buscando alimento en la bahía de Banderas.

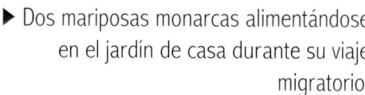

◀ Una curiosa tijereta listada americana investigando mi dedo.

▶ Dos mariposas monarcas alimentándose en el jardín de casa durante su viaje migratorio.

◀ Yo cubierto de monarcas en el santuario secreto donde pasan el invierno.

▶ Grisálida, la gaviota que vivió en casa y conquistó nuestros corazones.

▼ Una avispa verdugo, la más grande de América, descansando en el barco mientras veíamos ballenas.

◀ Este cola de cerdas es un habitante habitual de nuestros hogares.

◀ Un gecko asiático sobre un cactus cazando insectos.

▶ Tontolón, nuestra mosca gigante que se dejaba coger.

◀ Mi gran amiga Prudence, una cariñosa y amable chimpancé.

▶ Bruno, el bebé oso rescatado, en mis brazos.

◀ Mi libélula favorita, la rosada neotropical.

▼ El cocodrilo del campo de golf que me perdonó la vida.

► La luciérnaga imitadora encendiendo su luz para atraer machos de otras especies.

▼ Dos hormigas colaborando para llevar una pesada semilla a su guarida.

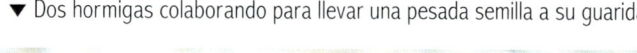

10

Las moscas latosas y algunas tontas

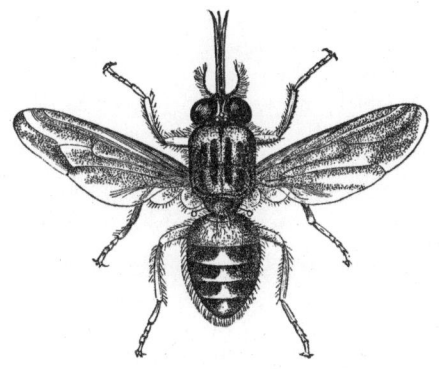

Inevitables golosas,
que ni labráis como abejas,
ni brilláis cual mariposas;
pequeñitas, revoltosas,
vosotras, amigas viejas,
me evocáis todas las cosas.

Así terminaba Antonio Machado su famoso poema «Las moscas» (1907), dedicado cariñosamente a estos insectos a los que casi nadie aprecia. Y digo «casi» porque no descarto que por ahí haya alguien —además de mí y de ese poeta que apreciaba hasta lo inapreciable— que admire a esas molestas intrusas de alcoba e incómodas compañeras de vida.

Pero antes de hablar de las moscas, debo comenzar por aclarar que no pretendo centrarme en sus muy asombrosas cualidades físicas, ni tampoco en su lado malo. Quiero hablar de su lado divertido, sorprendente, curioso y literario, que entre muchas otras razones, les ha granjeado una reputación tan variada como la vida misma. Quiero dejar constancia de que en nuestro mundo, que es muy vasto, no sólo hay más moscas de las que imaginamos, sino que también son mucho más de lo que creemos y hacen por nosotros más de lo que pensamos. Tras esta breve introducción, considero justo dedicar a estos seres del planeta Tierra unos cuantos párrafos a su favor.

Moscas hay muchas y por todas partes. Las hay de todos los tamaños, formas y colores, pero no olvidemos sus personalidades irreverentes, sin importar que sean discretas (como la mosquita muerta) o molestas de verdad (como las moscas cojoneras). También las hay feas y las hay bonitas, aunque en la gran mayoría de los casos, su belleza la llevan tan adentro que sólo un apasionado coleccionista de moscas podría apreciarla. Son sin duda los insectos más famosos en la historia: han sido protagonistas de innumerables refranes, poemas, novelas, pinturas, cuentos populares que han perdurado a través de los tiempos, culturas y lenguas, sin olvidar las también incontables películas en las que toman un protagonismo que muchos grandes actores envidiarían, como la famosa película *La Mosca* (*The Fly* de 1958 y su *remake* de 1986).

Me gusta pensar que las moscas han sido la necesaria gotita de aceite que hace funcionar nuestro engranaje intelectual, filosófico y literario, algo así como «la mosca detrás de la oreja de los eruditos». Augusto Monterroso, escritor guatemalteco, dijo acertadamente que el amor, la muerte y las moscas siempre han acompañado a la literatura, y lo demostró con varios relatos que, entre muchas otras cosas, nos dicen que no son tan feas como a simple vista parecen.

¿Podrían ser estos alados seres los insectos más inspiradores del mundo mundial? Tal vez un gran ejemplo sea Salvador Dalí, quien dijo alguna vez que cuando pintaba, babeaba de satisfacción y esperaba a que llegara una mosca y se introdujera en su boca. No cabe duda de que, al menos para él, eran suficiente inspiración para asegurar que con las puntas de sus bigotes podía pintar a una mosca con todos los detalles.

Me apostaría lo que fuera a que hasta este momento ha estado pensando únicamente en la típica mosca doméstica, esa que entra en nuestros hogares, se posa sobre nuestra comida y luego choca frenéticamente contra los cristales como si tuviera la esperanza de poderlos atravesar. Pues, como dicen los especialistas en marketing, piense globalmente, porque el mérito se lo llevan más especies de las que usted cree, ya que aunque en nuestras mentes revolotean sólo un puñado de las moscas que conocemos, hay en el mundo la sorprendente cantidad de 120.000 especies distintas, agrupadas en lo que se conocen formalmente como dípteros. Entre esas especies están, por ejemplo, las moscas ladronas (unas hábiles cazadoras de insectos que gustan de colgar de una pata mientras se comen a sus presas), las moscas abeja y avispa (que son preciosas, por cierto, y que se las confunde con estas últimas), los molestos tábanos (muy comunes en zonas ganaderas y de mordidas dolorosas), los terribles mosquitos chupasangre (que son nuestra pesadilla veraniega), las temibles moscas zumbadoras (que son las que ponen sus larvas debajo de nuestra piel), las moscas soldado (consideradas por muchos como el alimento del futuro) y muchas muchas otras especies más cuyos hábitos alimentarios son, en muchos casos, tan extraños como desagradables e incomprendidos.

Cuesta imaginarlo, pero estos omnipresentes bichos nos dan, nos guste o no, más beneficios que perjuicios, pues son imprescindibles para el funcionamiento del mundo. Aunque los perjuicios que nos causan son considerables (como la transmisión de enfermedades), también son una de las fuentes de alimento de infinidad de animales como aves, anfibios o murciélagos, que se morirían de hambre si no fuera por ellas. También nos ayudan a polinizar las flores (a la par de las abejas, avispas y hormigas), matan plagas de las cosechas, filtran el agua, controlan las malas hierbas y, por supuesto, reciclan todo lo que contenga materia orgánica, desde madera muerta hasta excrementos y cadáveres.

Pero si algo hay que resaltar de las moscas es que no se conforman nunca. Tal vez por eso siempre están frotándose las patas, como pensando en su siguiente travesura. ¿He dicho «travesura»? Perdón, quise decir logro científico, pues no cualquier insecto tiene el mérito de ostentar el nombre científico más largo que haya existido jamás (*Parastratiosphecomyia stratiosphecomyioides*), o que a su vez tenga el nombre más complicado (*Prolasioptera aeschynanthusperottetti*). También pueden presumir de ser los primeros seres vivos en viajar al espacio (y volver vivos) en 1947, y los únicos que hasta la fecha tienen su propio laboratorio en la Estación Espacial Internacional. Einstein utilizó a una mosca para explicar el principio de relatividad, pero lo más sobresaliente es que las moscas pueden jactarse de ser las más importantes protagonistas de las investigaciones científicas desde hace cerca de cien años, lo que les ha merecido la sorprendente cantidad de seis premios Nobel y un Príncipe de Asturias. ¡Qué pedazo de currículum!

Antes de hablar de sus sorprendentes cualidades científicas, le daré unos datos curiosos que tal vez cambien su forma de verlas. Su sentido del gusto no se limita únicamente a su boca, sino que también saborean la comida con la punta de sus patas. Por eso gustan tanto de pasearse por nuestra mesa a la hora de la comida mientras van reconociendo los sabores dulces o amargos. Sus ojos, por otro lado, se cuentan como unos de los más complejos del mundo de los insectos, compuestos por múltiples lentes individuales que les dan una visión periférica. Pero eso no es todo, pues sus cuerpos están cubiertos por pequeños pelos sensibles a la presión, los cuales les permiten saber exactamente de dónde viene una amenaza potencial, como, por ejemplo, una chancla que se dirige hacia ellas a toda velocidad. La combinación de sus cualidades de visión y percepción les permite planear una ruta de escape y ajustar la posición de sus patas para iniciar su huida, todo en apenas 200 milisegundos; mucho antes de que siquiera seamos conscientes de su inexplicable huida.

Tal vez, al verlas escapar, sí haya sido consciente de su gran capacidad para maniobrar en el aire. El secreto está en el diseño de sus alas, que sigue inspirando a los ingenieros aeronáuticos. Aunque tienen dos pares de alas, sólo uno de ellos es visible. El otro par se ha hecho tan pequeño que es imposible de distinguir a simple vista, ya que se ha modificado en eficientes órganos estabilizadores de vuelo denominados balancines. Si imaginamos las alas en movimiento (de arriba abajo), éstas forzarían al resto de su cuerpo a moverse en sentido contrario, como ocurre con las mariposas, que no pueden volar en línea recta. Así que lo que hacen es mover los balancines en sentido contrario, manteniendo el cuerpo de la mosca estable y fijo. Nosotros también tenemos nuestros propios balancines. Si no ha experimentado lo que es el movimiento sin ellos, intente caminar deprisa o correr sin mover los brazos y verá lo que sucede. No olvide ponerse un casco en la cabeza, por si las moscas.

Siempre hay algo importante que podemos aprender de ellas, pero para eso debemos comenzar por aceptar que humanos y moscas no somos tan diferentes, y tienen mucho mucho que enseñarnos, como que su ritmo circadiano (ciclo de sueño) es similar al nuestro. ¿Sabía que compartimos el 60 % de nuestro ADN con las moscas de la fruta? Eso no es malo, sino todo lo contrario, pues nuestros genes causantes de afecciones como el Parkinson, síndrome de Down, Alzheimer, autismo, diabetes o cánceres de todo tipo tienen su equivalente en estas pequeñas e inofensivas moscas. Gracias a estas anónimas heroínas, los descubrimientos se pueden realizar rápidamente, ya que su ciclo reproductivo requiere tan sólo de diez días. No me sorprende que sean consideradas como seres «diseñados para ayudar a los científicos», según el eminente genetista británico Steve Jones.

Las moscas de la fruta, cuyo nombre científico es *Drosophila melanogaster*, son obligadas compañeras de trabajo de los estudiantes de biología en algún momento de su carrera. Gracias a mi pésima capacidad de interpretar correctamente la biología molecular, tuve la suerte de recibir una segunda (o tercera) oportunidad de aprobar la asignatura ayudando a mi maestro en su laboratorio donde trabajaba con estas simpáticas mosquitas de ojos rojos cuyo mundo entero se limita a un pequeño tubo de ensayo. Benditas drosófilas, que me libraron de las insoportables adenina y tiamina, de la citocina y la guanina, así como del uracilo y del hidrógeno con el que todas ellas tenían una íntima relación que nunca llegué a comprender.

Así me vi inmerso, por un larguísimo e intenso mes, en el conteo y la clasificación de moscas mutantes: por su color de ojos, tipos de alas o forma de su abdomen, por ejemplo. En un par de días me convertí en un eficiente robot especializado en computar lo que veía al microscopio, mientras que en mis circuitos internos continuaba circulando la realidad de que seguía siendo incapaz de entender las bases fundamentales de lo que estaba haciendo. Si alguien me pregunta cuál era el propósito de ese proyecto, no sabría responderle, aunque me suena algo que tenía que ver con la inmortalidad, o alguna otra tontería. Ya le digo, no me culpe por no acordarme. Sólo sé que logré aprobar la materia sin saber aún nada sobre genética.

Es cierto que son un incordio para la humanidad, pero también lo fueron para los dinosaurios y todos los animales ya extintos, y siguen aquí dando la lata. Aunque nos pese reconocerlo, si han estado en este planeta por unos 300 millones de años, algo bueno estarán haciendo, ¿no lo cree?

Pero ¿por qué tienen tanto éxito? Tal vez éste radique en que son animales extremadamente sanos, a pesar de ser portadoras de un centenar de enfermedades debido a su antihigiénico estilo de vida. La razón está escondida en su ADN, pues tienen genes especializados que les dan una inmunidad asombrosa, y el hombre intenta crear nuevas vacunas gracias a esas desagradables moscas que la humanidad desprecia. ¿No es sorprendente? Sin importar lo que coman, ¡siempre se sienten de maravilla!

Y hablando de esas moscas que gustan alimentarse de cadáveres, voy a contarle una divertida historia sobre las tres moscardas más desagradables con las que nos podemos topar. Están la azul, la verde y la gris, unos regordetes moscardones que adoran la carne putrefacta, aunque cada una con una particular preferencia en cuanto a su grado de descomposición. Tienen un asombroso sentido del olfato y son capaces de detectar su alimento en instantes. La de paladar más refinado es la gris, que prefiere únicamente los alimentos frescos. Lo he comprobado cuando saco a mis perros a pasear al campo: en cuanto terminan de hacer sus cositas, ya hay moscas posadas en ellas.

Lo que le voy a contar es una historia real que parece extraída de un chiste. Es la historia de un médico, un esqueleto y un albañil en una azotea, y ocurrió hace mucho tiempo en el techo de mi casa. Dentro de las maravillosas actividades de mi padre como médico cirujano, fue maestro de incontables generaciones de estudiantes de medicina desde 1963 hasta su jubilación. ¿Y qué es lo que necesitan los estudiantes de medicina para ejercitar sus habilidades en disección, localización de nervios, músculos y órganos? Cadáveres. Pero, claro, no es una tarea fácil localizar cuerpos por ahí, ni crearlos por arte de magia sin que alguien los eche de menos. Así que en aquellos tiempos, la solución legal era obtener los cadáveres no reclamados, ya fuera a través de donaciones para la ciencia o, en última instancia, obteniéndolos de la fosa común tras un período de cinco años sin ser reclamados. Los cuerpos frescos recibían un tratamiento con formaldehído a través de su sistema circulatorio y luego eran sumergidos en grandes pilas llenas de esta sustancia, esperando su turno para ser utilizados en nombre de la ciencia.

Mi padre tenía el privilegio de poder realizar dichas solicitudes y recuerdo que desde niño veía en una de las gavetas de la biblioteca de casa un cráneo humano que obtuvo de una antigua exhumación, de cuya limpieza se hicieron cargo los elementos naturales, incluyendo a las habilidosas larvas de mosca. Otra historia se escribía con los cuerpos que recibían el tratamiento químico, los cuales, por supuesto, no eran apetecibles para ninguna mosca del planeta, por lo que con el paso de los años y tras ser utilizados infinidad de veces por maestros y estudiantes, eran incinerados al perder su utilidad. Un día llegó a casa con una pelvis humana que rescató del incinerador, junto con un cráneo; aún conservaban restos de tejido adherido a los huesos, los mismos que emplearía para un seminario que tenía planeado dar unas semanas después.

Para quitar los restos de tejido sin dañar los huesos, los puso a hervir en un enorme caldero en la azotea de casa, tarea que repitió durante varios días con la esperanza de eliminar cualquier resto de químicos que pudieran contener. Luego los dejó expuestos al sol, acomodados sobre una enorme loza que bien podía confundirse con una lápida, con el cráneo encima de la pelvis cual bandera pirata, para que las moscas hicieran el trabajo sucio. Al pasar una semana se olvidó de que seguían ahí, y con una reforma en casa era cuestión de tiempo que alguno de los albañiles los viera. Don Silviano, el encargado de la obra, había trabajado para mi padre desde que era joven, por lo que era de su total confianza, pero no así sus ayudantes. Un día, Silviano mandó a Tomás, uno de sus ayudantes, a recoger unos bloques que estaban en la azotea, muy cerca de donde se conservaban los restos óseos. Mi padre estaba supervisando las obras cuando apareció de pronto Tomás con la cara desencajada, blanco como la pared, los ojos muy abiertos y la voz temblorosa, susurrándole a Silviano: «Oiga, patroncito, ¡el señor tiene a un muertito escondido en la azotea!». Mi padre, que estaba a su lado, le contestó con esa seriedad que le caracteriza: «Era el último albañil que no hizo bien su trabajo, no te digo más». A pesar de las risas y la posterior explicación, Tomás prefirió no volver más a nuestra casa, por si las moscas.

Al cabo de tres semanas, los restos óseos estaban perfectamente limpios, listos para ser barnizados y exhibidos en el seminario de mi padre. Así terminamos conociendo otra de las más importantes contribuciones de las moscas a la ciencia. Y aunque en este caso sólo ayudaron a mi padre a hacer el trabajo de limpieza, para la ciencia forense son de incalculable importancia, pues han ayudado a resolver una gran cantidad de crímenes desde el siglo XIII, y todo gracias precisamente a sus larvas con forma de gusano.

Pero volvamos a temas menos asquerosos. Un día le hice una sencilla pregunta al camarero de un restaurante con quien estaba teniendo una inesperada aunque divertida conversación sobre la desafortunada mosca que había caído en mi plato de verduras gratinadas y que, por desgracia, había fallecido, no sé si por ahogamiento en ese queso soso o si había entregado su efímera vida para evitarme una segura intoxicación. Le pregunté: «¿Quiénes son los seres más molestos, desesperantes y repulsivos del mundo?». Dado el tema del que estábamos hablando, yo me esperaba una tácita respuesta: «¡Las moscas!». Pero para mi sorpresa no fue así. En lugar de ello, y sin pestañear siquiera, me dijo: «¡Mis vecinos!». «Hombre, si a ésas vamos, podrías haber contestado que los inspectores de Hacienda», le dijo mi amigo mientras reíamos a carcajadas y el resto de los comensales nos echaban una mirada fulminante.

Reflexionando un poco sobre la respuesta que me dio el camarero, es verdad que lo que para unos puede ser una cosa, para otros es algo totalmente distinto, y cuanto más conozco a las moscas, más pienso que el hombre estaba en lo cierto. Algunos desearían hacer desaparecer una mosca de un certero «periodicazo», pero otros preferirían usar ese mismo periódico para darle una bien merecida colleja a más de alguna persona.

Hay una asombrosa e irrefutable capacidad que todas las moscas comparten: ¡volver loco hasta el ser más pacífico y equilibrado del mundo! Podrían escribirse tratados enteros sobre las reacciones psicológicas que las moscas zumbonas provocan en los humanos, al actuar desafiantes y audaces, como si no le debieran nada a nadie. Tal vez sea así y su misión en este planeta, además de alimentarse de lo que nadie más quiere comer, sea recordarnos una y otra vez lo incapaces que somos de tener el control de las cosas, por mucho que lo intentemos. Una gran lección de humildad, sin duda alguna.

Un día, cuando vivía por un tiempo en un hermoso bosque subtropical de México, tuve la inesperada visita en casa de la mosca más grande que haya visto jamás, aunque apenas tenía la mitad del tamaño de la especie más grande del planeta. Medía unos 2,5 centímetros, unas cuatro veces más grande que las moscas domésticas comunes. Tenía unas patas largas y peludas y una cabeza de color dorado sobre la que resaltaban sus enormes ojos rojos. Entró ruidosamente y terminó chocando contra las mosquiteras de las ventanas intentando escapar. Aunque era muy grande, no hacía esfuerzo alguno por huir y pude cogerla perfectamente con mi mano. «Una gran oportunidad para hacerle fotografías», pensé, así que antes de liberarla le hice un álbum de fotos que cualquier pareja de recién casados envidiaría. Me cayó tan bien que la llamé Tontolón, sin preocuparme mucho por conocer su sexo.

Pero no todas las experiencias fueron así de agradables, y durante muchos años tuve que lidiar con miles de gusanos todos los días durante el verano y el otoño, cuando me dedicaba a limpiar los nidos de las tortugas marinas que ya habían salido de sus huevos y habían sido previamente liberadas. Nunca dejé de sorprenderme por la capacidad de las moscas para localizar un huevo en descomposición, enterrado a casi medio metro de profundidad, ni tampoco entendí cómo hacían sus larvas para llegar ahí abajo. Pero detrás de esos enigmas estaba yo, cavando con la mano desnuda hasta el fondo, y sintiendo de pronto con mis dedos una cálida y blanda sustancia gelatinosa que alguna vez fue un huevo o una pequeña tortuga marina, y que ahora cobraba vida de nuevo gracias al movimiento de cientos de gusanos que se movían en su interior. Menos mal que después comencé a usar guantes de látex.

Allá por el año 2010, Mar apareció en mi vida como una guapa y entusiasta voluntaria del proyecto que llevaba, dispuesta a salvar todas las tortugas marinas del mundo mundial. Quién habría imaginado que esas aventuras con las tortugas marinas nos llevarían a casarnos dos años después. Ella, con esa chispa que tiene, le cuenta a la gente: «Me fui a México por las tortugas ¡y acabé con el tortuguero!». Hacía pocos días de su llegada y ya me acompañaba todas las noches hasta el amanecer, sin importar que hubiera huracanes o estuviéramos muertos de cansancio. Esa noche teníamos varias decenas de nidos que estaban naciendo y había muchos otros pendientes de abrir para buscar tortuguitas que hubieran quedado atrapadas en el fondo del nido. Con una pequeña linterna de mano y otra en la cabeza, nos dedicábamos a cavar con las manos un nido tras otro, lo más rápido posible. De pronto, Mar sacó a una tortuguita que se movía de forma extraña. «¡Oscaaaar!, algo le pasa a esta tortuguita, ¡mira cómo se mueve!» Me acerqué desde el otro lado del vivero, la vi un instante y le contesté: «Está muerta». «Qué va a estar muerta, ¿no ves que se mueve?», me dijo ella, y yo: «¡Que está muerta muerta!». Pero seguía sin creérselo: «No puede ser, ¡mira!». Y mientras la iluminaba con la linterna de mano, en ese mismo momento, un gusano comenzó a salir lentamente de su ombligo, y tras él, otro, y otro, y otro más. Francamente, no supe si iba a desmayarse o a salir corriendo en ese instante. Eligió la segunda opción; dejó la tortuga en el suelo y salió corriendo del vivero gritando: «No, no, no, no... ¡me muero!, pobrecita... ¡Ay, qué asco!». Al cabo de unos minutos, volvió al vivero, cogió unos guantes nuevos y se puso a trabajar en silencio (cosa rara en ella, para ser franco). Cuántos gusanos pasaron por sus manos y ella siempre conservó el glamour y aguantó las arcadas... y las ganas de volver a España.

Así de desagradable era parte de nuestro trabajo, pero valía totalmente la pena cuando entre esa hediondez rescatábamos a alguna pequeña tortuga que había quedado atrapada y seguía con vida. Esos instantes en los que la veíamos agitar sus pequeñas aletitas eran una gran satisfacción que hasta la fecha no podemos olvidar.

En fin, comprendo que lidiar con moscas y gusanos es algo que a muchos nos puede superar. No pretendo culparlas por lo que son, pues entiendo que ésa es su naturaleza, y por más despreciables que puedan parecer, las acepto como son, y reconozco que mi relación con ellas podría ser considerada como de «amor y odio», pues aunque me siguen volviendo loco, no puedo evitar abrir la ventana para dejarlas escapar en lugar de matarlas. Antes de terminar, le propongo un brindis por las moscas (y una plegaria para que nos dejen en paz).

11
Mis adoradas tortugas marinas

Resulta sorprendente, casi inverosímil, que una mosca común sea capaz de encontrar la ubicación exacta de un nido de tortuga marina enterrado en la playa, a casi medio metro de profundidad. Me imagino a una solitaria y minúscula moscardona volando sobre una vasta extensión de arena ardiente por el calor del sol, utilizando su agudo sentido del olfato para detectar las volátiles moléculas del hediondo aroma que emana de un huevo en descomposición. Emocionada por su descubrimiento, se posa sobre la arena, deposita sus huevecillos y se va volando, confiada en que en unas pocas noches sus larvas nacerán y se desplazarán entre los granos de arena hasta llegar a ese apestoso huevo que les servirá de alimento. Qué rastreadoras tan sorprendentes, ¿no lo cree?

Cuando comencé a estudiar a las tortugas marinas, descubrí muchas referencias al hecho de que una tortuga es capaz de volver una y otra vez al mismo sitio donde nació, gracias a un fenómeno llamado *filopatría natal* o *fidelidad al sitio*. Años después, gracias a un método pionero de foto-identificación que desarrollé, pude comprobar que había tortugas que efectivamente regresaban a anidar hasta tres veces en una misma temporada (de junio a diciembre), y además no sólo volvían a la misma playa, sino que anidaban en el mismo sitio con gran precisión.

Si las moscas tortugueras encuentran su lugar ideal utilizando el olfato, ¿cómo hacen las tortugas? Es como si crearan una especie de mapa mental que toma en cuenta muchísimos factores que hacen de una playa un sitio único e inconfundible: su pendiente, las corrientes, la orientación geográfica, su olor, el tamaño y composición de sus granos de arena y quién sabe cuántas variantes más que ni siquiera imaginamos. Una ballena jorobada, por ejemplo, recorre por primera vez su ruta migratoria al lado de su madre con apenas tres meses de edad, por lo que cuando al año siguiente se independiza ya conoce la ruta completa. Pero en el caso de las tortugas no es así, pues están solas desde el mismo momento en el que salen de su nido. Resulta más sorprendente aún cuando descubrimos que las crías de tortuga pasan sus primeros años (casi) a merced de las poderosas corrientes marinas, que a veces las llevan a cientos o incluso miles de kilómetros de distancia y, por si fuera poco, pasarán más de diez años antes de que alcancen su edad adulta. Y sin embargo, una vez que han alcanzado la edad adulta, ¡regresan cada año!

Ya hemos hablado un poco sobre las tortugas marinas y sobre cómo su apasionante y vulnerable vida hizo que me dedicara a protegerlas. A lo largo de los años pude estar al lado de algunas especies tan distintas como la impresionante tortuga laúd (la más grande del mundo), con la hermosa y rara tortuga carey del Pacífico o la también enorme tortuga verde, conocida en México como «prieta» por ser de un marrón oscuro casi negro. Pero el grueso de mi trabajo lo realicé con la especie llamada tortuga golfina (*Lepidochelys olivacea*), una de las dos especies de tortuga marina más pequeñas del mundo, pero que aun así sobrepasa los 70 centímetros y es muy pesada, sobre todo cuando hay que cargarla y llevarla de regreso al mar tras caer entre las rocas o perderse entre los jardines de un hotel.

Comenzábamos los patrullajes a las 9PM y había noches de intenso trabajo donde continuamente salían una, otra y otra más a desovar, a veces simultáneamente. Nos íbamos a casa pasadas las 9AM tras haber recolectado los huevos de más de cuarenta tortugas en una sola playa. Pero había noches en las que se respiraba una gran tranquilidad y yo podía dedicar todo mi tiempo y mi cariño a una tortuga solitaria para admirarla y disfrutarla, observando cada movimiento y cada detalle de su anatomía.

Imagínese la escena: solo en la playa, sentado sobre la arena y disfrutando de un cielo estrellado, mirando cómo las olas rompen en un interminable ir y venir, mientras son iluminadas por la luz de la luna y las estrellas. De pronto, entre una de las olas sale impulsada una hermosa tortuga hasta que toca tierra firme. La ola retrocede y nuestra tortuga queda ahí, justo en la frontera entre dos mundos totalmente distintos. A diferencia de otras especies, la golfina es capaz de levantarse y andar a cuatro patas; unas patas que se han convertido en hermosas aletas que aún conservan un par de garras de sus dedos. La tortuga mira a su alrededor y comienza a andar con seguridad, como lo haría cualquier otro reptil o mamífero.

Se toma su tiempo, desplazándose unos metros y deteniéndose a descansar durante unos segundos. Luego, cuando llega más allá de donde las olas alcanzan y siente la arena seca, hunde su morro y comienza a olfatear como si se tratara de un perro sabueso, utilizando su pequeña y blanda naricita sobre la que se pueden apreciar sus dos orificios nasales. Se le puede escuchar mientras respira. Continúa caminando hacia donde estoy sentado y vuelve a meter el morro dentro de la arena sin detenerse siquiera. Yo me quedo inmóvil con el fin de pasar desapercibido y que no me considere una amenaza.

Me ignora y sigue de largo, hasta detenerse en una zona a unos 50 metros de la orilla. Vuelve a hundir su morro, ésta vez haciendo una inspiración más prolongada. Va buscando un aroma que le confirme que está en el sitio correcto. ¡Sí!, ¡hay suerte! Nuestra amiga sabe que ése es el lugar para cavar el nido que hará la función de cámara de incubación. Luego, como si estuviera nadando, comienza a usar sus aletas delanteras para remover toda la arena seca de la superficie, y con una técnica similar al nado de mariposa, comienza a dar poderosos aletazos que lanzan la arena seca a varios metros de distancia. En cuestión de un par de minutos se ha enterrado unos 15 centímetros por debajo del nivel de la arena. Nuestra tortuga está totalmente cubierta de arena, lo que le da una excelente «capa de invisibilidad» que le permite no ser vista por un turista despistado, quien pasa muy cerca, ignorando el milagro que frente a él está ocurriendo.

Entonces viene la parte más emocionante, pues sin mirar, y utilizando sólo su sentido del tacto, usa sus flexibles aletas traseras, equipadas con cinco largos dedos como los de nuestras manos para comenzar a cavar un hoyo que irá ensanchando conforme llegue a mayor profundidad. Primero con la aleta izquierda y luego con la derecha, va sacando cuidadosamente, como si estuviera utilizando una cuchara, toda la arena que le es posible hasta que ya no puede llegar más profundo. Todo su trabajo es instintivo, pues no hubo una madre que le enseñara los secretos de la maternidad, o cómo localizar el sitio más adecuado para anidar, ni mucho menos cómo utilizar sus aletas a modo de pala. Y sin embargo, ¡lo hace a la perfección!

Han pasado ya 15 minutos desde que salió del agua y la cámara de incubación está casi terminada. Un toque final y listo, nuestra querida tortuga entra en un estado de máxima relajación, tal vez arrullada por el agradable sonido de las olas. Entonces, la magia comienza a ocurrir: cierra sus ojos y mientras está absolutamente inmóvil, comienza a poner sus huevos, que salen de tres en tres y caen hasta el fondo sin dañarse debido a que son blandos y flexibles. ¡Qué maravilla! Es una de las experiencias más hermosas y conmovedoras que he llegado a presenciar y en la que cualquier persona que lo vive en carne propia siente una profunda empatía por éstos formidables seres.

La madre naturaleza es muy generosa, pues mientras están desovando, liberan en su torrente sanguíneo unas sustancias químicas que de alguna forma las hacen entrar en un profundo estado de relajación que las hace ignorar todo lo que sucede a su alrededor. Yo aprovechaba ese momento para colocarles una marca metálica, tomarles una biopsia, eliminar los parásitos de su piel, curarles alguna herida y medirlas, todo sin que ellas se inmutaran. Ese sistema de limpieza y desparasitación al que llamamos cariñosamente «el spa», era único y nadie más lo hacía, a pesar de ser sumamente benéfico para ellas, pues solían aparecer cubiertas de parásitos chupasangre que las debilitaban y hacían más propensas a enfermar.

Hay ocasiones en que las tortugas entran en tal estado de relajación que caen en un profundo sueño que puede dejarlas aletargadas durante horas; como si pusiéramos en pausa una película. Cuando eso ocurría, las dejaba tranquilas y me iba a recoger más nidos alrededor sin quitarles un ojo de encima desde la distancia; y si me tenía que ir, entonces no tenía otra opción que despertarlas y lo hacía con la mano, acariciando suavemente su caparazón, que es muy sensible al tacto. Tras despertar, seguían depositando sus huevos como si nada hubiera sucedido.

Pero sigamos con nuestra tortuga protagonista. Ha terminado de depositar sus huevos y comienza entonces a cubrir el nido con arena, utilizando de nuevo sus aletas traseras para rellenar el hueco, devolviendo la arena que antes había sacado. Luego llega el momento cómico, pues realiza un divertido baile justo por encima del nido, utilizando los lados de su plastrón (la parte inferior de su caparazón) para compactar la arena con firmeza. «¡Pum, pum, pum, pum!» Los rítmicos golpes se escuchan desde varios metros de distancia y sólo haría falta ponerle a la escena un poco de música para tener a una tortuga bailando nuestra canción favorita. Tras un par de minutos compactando se detiene y comienza entonces a girar sobre sí misma, revolviendo la arena por todos lados para ocultar el sitio exacto y sus huellas; una estrategia de camuflaje muy efectiva. Tras dar un montón de vueltas, comienza a caminar de regreso al mar y se pierde entre las olas, casi una hora más tarde desde que todo comenzó.

Cuando tenía a mis voluntarios en entrenamiento, les pedía que pusieran atención a dónde había dejado sus huevos porque debían encontrarlos, y después de que la tortuga hubiera regresado al mar les pedía que localizaran el lugar. ¡Imposible! Unos decían que aquí, otros que allá, pero eran incapaces de encontrarlo. Cuánta dedicación y qué buen trabajo hacen nuestras amigas tortugas. ¡Es sorprendente!

Entonces había que utilizar una herramienta sumamente útil para éstos casos: un dispositivo localizador de nidos, con forma tubular, de un metro y medio de largo, que también es conocido como «palo de escoba». Es muy práctico porque sirve para romper ese duro tapón de arena que dejan en la boca del nido. Entonces, alguno de los voluntarios me preguntaba intrigado cuál era la función de ese tapón de arena. Mi respuesta era que cada detalle está perfectamente calculado y tiene una explicación lógica, respaldada por cien millones de años de evolución.

Durante la incubación, que dura un mes y medio, los huevos incrementan su tamaño casi al doble, por lo que necesitan espacio para crecer sin deformarse. Por ello nuestra tortuga hizo un hoyo con forma de cántaro, más ancho en la parte inferior y con un estrecho cuello en la parte superior. Así, tras rellenarlo con arena queda mucho espacio libre entre los huevos, y cuando baila por encima, sólo se compacta la zona más alta y estrecha. De esa forma evita que el nido colapse y se chafen los huevos. Es un diseño tan efectivo que una persona bastante robusta puede caminar por encima del nido sin hacerle daño alguno. Al utilizar el palo, enterrándolo en el ángulo correcto y haciendo sólo la presión justa, se localiza rápidamente el nido sin dañar a los huevos: duro, duro, duro, duro, y de pronto, ¡zas! ¡Blando!, nuestro palo se ha hundido y lo hemos localizado. En cuestión de un par de noches, mis voluntarios ya estaban preparados para encontrar los nidos sin mi ayuda.

Pero ¿qué sucede cuando a una tortuga le faltan sus miembros posteriores o está paralizada? Vaya problema, ¿no lo cree? Pues como hemos visto, todo el trabajo de anidación lo realizan con sus patas-aletas. Era frecuente ver salir a tortugas con sus miembros posteriores paralizados o amputados. Podía verse en ellas y en su forma de actuar, una verdadera ansiedad y frustración por no poder anidar. Fue así como busqué la forma de ayudarlas, y a base de prueba y error pude implementar un sistema que aunque me llevara a dedicar horas tumbado detrás de ellas, generalmente teníamos éxito en la misión y nuestra paralítica amiga terminaba su importantísima tarea de perpetuar la especie. ¡Qué satisfacción! Terminar con arena pegada en cada centímetro de mi cara, orejas y mi cuerpo entumecido bien habían valido la pena, aunque nada habría sido posible sin la complicidad y la cooperación de la tortuga misma.

Así es, no me juzgue de loco, pero es verdad: las tortugas sabían perfectamente que yo estaba ahí, a su lado, pues son muy astutas. A veces, tras uno o dos intentos fallidos, una tortuga se daba cuenta de que quería ayudarla y me permitía estar con ella. Es decir, que aceptaba mi ayuda y hacíamos juntos el trabajo. Otras veces, en cambio, tal como ocurre también con la gente o con algunos animales que son más desconfiados, la tortuga se sentía incómoda con mi presencia y me hacía saber claramente que quería estar sola. Aunque fuera yo lo más discreto posible, oculto tras su propio cuerpo, a oscuras y sin tocarla en un solo momento, de pronto estiraba su cuello por encima de su caparazón y giraba su cabeza para mirarme fijamente. Tras una mirada fulminante diciendo «no quiero tu ayuda, vete de aquí, intruso», abandonaba su intento para cavar y se alejaba a rastras para intentarlo de nuevo en otro sitio lejos de mí.

¡Qué frustración sentía al no poder ayudarla! Pero estaba claro que había tortugas que no querían establecer ningún lazo con un ser humano, por mucho que éste quisiera ayudar. Era como si no quisieran deberle nada a nuestra especie y tuve que asumir que era su decisión. Muy a mi pesar las dejaba solas y seguía con mi trabajo, vigilándolas en la distancia. Pasaban las horas, la noche terminaba y esas tortugas seguían con su penoso esfuerzo por cavar, arrastrándose por toda la playa en incontables intentos fallidos. Agotadas, volvían al mar y regresaban a la noche siguiente, con el mismo resultado. Al tercer día, sin poder contenerse más, dejaban todos sus huevos dispersos sobre la arena a merced de sus depredadores, pero con su orgullo de tortuga intacto. No las culpo por temerle al hombre, pues hay gente muy cruel y sin escrúpulos.

Pero, entonces, se preguntará usted, ¿cómo hacía yo para ayudar a las tortugas que sí me aceptaban? Mis manos se convertían en sus aletas: yo cavaba por ellas, pero a su propio ritmo y respetando sus tiempos. Era la única e infranqueable condición: si yo cavaba muy rápido se molestaban y se iban. Ellas elegían el sitio y retiraban la arena seca, y hasta entonces yo no podía intervenir. Así de fácil. ¡Qué emocionante! Todo el monumental esfuerzo por protegerlas de sus depredadores y por incubar sus huevos en un vivero no era nada comparado con la satisfacción de ayudarlas en ese su momento de mayor intimidad. ¡Me sentía como el partero más afortunado que hacía posible el milagro de la vida! Una vez que aprendí sus reglas las cosas eran mucho más sencillas, aunque la dificultad de cavar con mis dedos y hacer el hoyo con la misma forma era una tarea monumental que me exigía un gran esfuerzo.

Mientras la tortuga iba moviendo el pequeño muñoncito donde debía ir su aleta, yo cavaba. Cuando paraba de moverlo yo paraba. Poco a poco el nido iba tomando forma y cada vez estábamos más cerca del momento del desove, hasta que por fin, una, dos o tres horas después comenzaba a poner sus huevos. Me alejaba discretamente y la dejaba sola con su intimidad y sus ochenta o más huevos cayendo sin parar. ¡Todavía me emociono al recordarlo!

A pesar de lo peligrosa que es su vida, yo creo que las tortugas marinas son bastante felices. Imagínese lo maravilloso que debe ser «volar» en el agua, sumergirse a grandes profundidades aguantando la respiración por largo rato y recorrerse el mundo mientras va haciendo un montón de amigos. Un día se encuentra con un tiburón ballena, un día un pez rémora le hace compañía y otro día descubre lo maravilloso que es descansar en el lecho marino, mecido por las corrientes mientras unos peces mariposa le mordisquean los parásitos de su piel. Otro día decide calentar su cuerpo con los tibios rayos del sol y una agotada ave marina, en plena migración, se posa en su caparazón a descansar para recobrar energías. ¡Eso es vida!

En Latinoamérica existe una muy arraigada creencia de que las tortugas marinas lloran cuando salen a desovar. Mientras mucha gente asegura que lloran de «dolor de parto», otros dicen que es por tristeza, sabedoras de que la gente se comerá los huevos que con tanto esmero están depositando. Nunca faltaba el turista que, mientras observaba a una tortuga desovar, se me acercara para preguntarme por qué salían «esas enormes lágrimas» de sus ojos llenos de arena. Mi respuesta siempre era la misma: que las tortugas «no lloran», o que al menos no lo hacen de la forma como los humanos lo entendemos, relacionando las lágrimas con emociones o dolor.

En el caso de las tortugas marinas, cocodrilos y muchas aves marinas, las lágrimas son más bien un producto de desecho, una ininterrumpida forma de excretar el exceso de sal que ingieren. Cuando están en el agua no nos damos cuenta, pero cuando una tortuga marina pasa casi una hora fuera del agua, esto es muy evidente. Como son lágrimas muy consistentes, similares al gel, es normal que no se desprendan y caigan tan fácilmente, formando unas tremendas lágrimas que conmueven a cualquiera que esté observándolas. Pero, pensándolo bien, ¿quién soy yo para convencerles de que no lloran de tristeza? Quizá debí decirles que sí. Debí decirles que las creencias son ciertas y que efectivamente lo hacen porque están muy tristes de ver la maldad y el egoísmo de la gente que las mata y se come sus huevos, o tal vez debí inventarme una historia para que se involucraran más en el proyecto y en su protección. Ay, ¡qué poca imaginación tuve!

No podría terminar éste capítulo sin cerrar el ciclo. Comencé hablándole de una tortuga adulta y de sus huevos, pero no he mencionado nada sobre esas minúsculas y simpáticas réplicas que tras mes y medio de haberse desarrollado dentro de un pequeño huevo, han nacido y se han quedado dentro del nido esperando a que nazca el resto de sus hermanas y hermanos. Al día siguiente de haber nacido, entre todas se las arreglan para escalar hacia la superficie. Mientras unas van abriéndose paso entre la arena, otras van empujando desde abajo, esperando a que caiga la noche y bajen las temperaturas. Entonces, como un bol de palomitas de maíz en el microondas, comienzan a salir todas juntas con una hiperactividad sorprendente.

¡Qué emocionante era verlas con tanta energía y tanta voluntad, incapaces de detenerse siquiera un instante! Había días que al igual que ocurría con las adultas, eran muchos, muchísimos los nidos que eclosionaban en una sola noche. Dentro del vivero, colocábamos unos cercos alrededor de cada nido para evitar que escapasen, y tras contabilizarlas las colocábamos en unas enormes bandejas. Recolectar una a una a ochenta o más de cien tortuguitas de un solo nido era una tarea entretenida y divertida, aunque se complicaba un poco cuando uno o más nidos se las arreglaban para escapar. Entonces caminar por el vivero se hacía una tarea casi imposible, y no se diga descubrir cuántas había y de qué nido eran, pues las estadísticas eran muy importantes para el proyecto. En la madrugada, cuando salía la gran mayoría de las tortuguitas, ya teníamos seiscientas o novecientas crías que debíamos liberar en la playa antes del amanecer.

En ese momento nos enfrentábamos a otro problema: guiarlas para que entraran al mar y no se distrajeran con las hipnóticas luces de los edificios y hoteles de las cercanías. Debíamos meternos un poco en la rompiente con nuestras luces de mano y atraerlas, mientras veíamos cómo las ágiles y escurridizas garzas nocturnas se acercaban por los flancos para robarnos alguna tortuguita despistada. ¡Qué estrés! Y claro, tampoco podíamos ir correteando garzas porque entonces podríamos pisar a esas tortuguitas de menos de 5 centímetros. Eso era todas las noches, viendo a la naturaleza en su máxima expresión. ¡Cuántos hermosos momentos no habremos vivido!

A veces las echo mucho de menos. En esos días de morriña recuerdo a una de las más fieles tortugas que cada temporada volvía a anidar. La reconocía por una cicatriz en un costado de su caparazón y porque era una de las más grandes que había conocido, con más de 80 centímetros de largo, y que daba un total de poco más de un metro incluyendo su enorme cabeza, un tamaño inusual para la especie. Era muy confiada con nosotros y nos permitía estar con ella, a su lado, en todo momento, sin inmutarse siquiera. Recuerdo una de esas noches tranquilas en las que Mar y yo estábamos con ella, acompañándola en su desove.

Sin darnos cuenta, un nido totalmente natural comenzó a salir de la arena a un par de metros detrás de nosotros; probablemente uno de esos pocos nidos que no localizábamos después de que una gran tormenta borrara las huellas de su madre. Las tortuguitas comenzaron a caminar a nuestro alrededor, pasando entre nosotros y la tortuga, todas perfectamente orientadas y guiadas hacia el mar por la luz de la luna llena reflejada en el oleaje. Una pequeñina pasó y se desvió, terminando justo en el morro de nuestra querida y enorme amiga. ¡Vaya momentazo! Dos generaciones, tal vez madre e hija en un mismo lugar, y nosotros éramos testigos. La pequeñina caminaba al lado de su gran boca, como si se tratara de un infranqueable muro de proporciones gigantescas para nuestra inesperada visitante. Tras inspeccionarla un poco dio media vuelta y continuó su camino hacia el mar, donde una vida llena de aventuras le esperaba.

¿La habrá reconocido como su propia especie? Me la imagino, en mi mundo de fantasía, pidiéndole consejo antes de irse, o diciéndole algo así como «mira qué buen trabajo has hecho», o «vaya, qué suerte tienes de que esta parejita te esté cuidando. Espero que estén aquí cuando yo vuelva dentro de diez años».

Querida tortuguita: seguramente no estaremos ahí para recibirte, aunque me encantaría poder hacerlo. No puedo

prometértelo, pero sí puedo asegurarte que nuestro trabajo ha dado frutos, y cada vez más gente estará ahí, en la playa, para darte la bienvenida, ayudarte y protegerte. ¡Buena
suerte pequeñina!

12

Mis queridos primates escupidores

De todas las experiencias que he tenido con animales, pocas han sido tan intensas y conmovedoras como las que tuve con unos chimpancés adultos. Cualquier primatólogo o primatóloga que me lea se reirá de la simpleza del acontecimiento, aunque para mí fue una vivencia que podría catalogar como «graciosamente traumática y enriquecedora». Cuando se la conté a mi amigo el sociólogo y antropólogo Pablo Herreros Ubalde, sólo se limitó a reír y a resaltar lo mucho que nuestro comportamiento habitual se asemeja al de los primates, algo que, por cierto, se le daba maravillosamente bien explicar en sus libros, charlas y programas de televisión. Tristemente ya no está con nosotros, pero estoy seguro de que está en un lugar donde animales y humanos somos iguales y nos entendemos a la perfección.

Pero esa experiencia no sólo me aportó importantes lecciones. Mi historia agradó tanto que fue elegida para publicarse en un libro para aprender español avanzado de Cambridge University Press, y me hace ilusión pensar que un montón de estudiantes de habla inglesa utilizan esta historia para practicar sus habilidades en el idioma español.

Aunque me hubiera encantado hacerlo, la verdad es que nunca tuve la oportunidad de trabajar directamente con primates no humanos, esos animales tan parecidos a nosotros y, a la vez, tan diferentes. Mi único acercamiento con ellos en vida silvestre fue al poco tiempo de licenciarme, como observador en una incursión científica en la selva alta, cerca de la frontera con Guatemala. Aunque el propósito de la incursión era colocar cámaras trampa para jaguares, allí habitaba una saludable población de monos aulladores, comúnmente conocidos como «monos saraguatos» (*Alouatta villosa*).

Era la época seca, por lo que la vegetación era menos densa de lo normal y resultaba más fácil desplazarse entre los enormes y frondosos árboles que cubrían toda la región. Ese día madrugamos y caminamos bastante, antes de que el calor resultara demasiado agobiante. Ya había pasado una hora de camino y a lo lejos se escuchaban poderosos gritos guturales que eran las llamadas territoriales de los machos, algo como largos «uuuuu» en un continuo carraspeo. Yo estaba emocionado por poder verlos en vida libre, saltando entre las copas de los árboles. Mi compañera Danae me advirtió de la posibilidad de que fuéramos «bautizados» por los monos. «¿Bautizarnos?», le pregunté intrigado, pero sólo se limitó a decirme: «Ya verás». El calor era cada vez más asfixiante, seguíamos caminando y sudando a chorros mientras pensaba si el bautizo era un ritual o una forma local de referirse a algún comportamiento de los monos.

A pesar de estar prohibida su caza, cazarlos para alimentarse de ellos o vender a sus crías como mascotas es una realidad a la que se enfrentan todos los días. Aun así, seguramente porque viven en las copas de los árboles, se sintieron bastante seguros y confiados cuando vieron a un grupo de cuatro personas andando solos por la selva. Ellos nos vieron primero, como es habitual, y el guía local nos señaló finalmente a la tropa, que es como llaman a los grupos sociales. Entre la densidad de ramas y hojas de los árboles, pudimos ver a una decena de hembras, algunas con sus crías firmemente abrazadas a ellas, unos jóvenes que las seguían y, entre ellos, un gran macho negro que no paraba de observarnos mientras los demás se alimentaban de las hojas, ayudándose para mantener el equilibrio con su enorme cola, tan gruesa que parecía un quinto brazo. Iban desplazándose por encima de nosotros y todos estábamos disfrutando del espectáculo. «¡Qué suerte!», pensé. Luego el macho avanzó y se puso como a 15 metros justo encima de nosotros (metro arriba, metro abajo). Yo estaba boquiabierto mirando hacia arriba y no me di cuenta que Danae y los otros dos compañeros habían echado a correr. Ahí estaba yo solo, sin entender nada, pero en cuestión de un instante descubrí la razón de la huida silenciosa de mis compañeros: de repente comenzó a caerme una lluvia de orines y heces, por lo que sólo tuve tiempo de cerrar la boca y evitar que sus cálidos regalos me cayeran dentro. Cuando conseguí abrir los ojos pude ver a mis compañeros, escondidos bajo un árbol, llorando de la risa. ¡Menuda novatada!

Pero como dicen por ahí, el humano es el único ser que tropieza dos veces con la misma piedra, y doce años más tarde hice honor al dicho. Era 2012 y tuve la suerte de que me aceptaran como voluntario en una fundación holandesa para el rescate de primates, en su sede española. Cuando me entrevistaron yo me imaginé como una mezcla entre Tarzán y Jane Goodal, aunque volví a la realidad cuando me dijeron: «Tu misión, si decides aceptarla, es limpiar cacas». Vale, no me lo dijeron con esas palabras, ni tampoco era una misión imposible: se trataba de hacer limpieza (90 %) y preparar alimentos (10 %). Pero estar ahí, vivir una experiencia así y estar tan cerca de los grandes primates era una oportunidad única que no iba a desperdiciar, sin importar lo que tuviera que hacer.

La sede de la fundación es muy grande y moderna, enclavada en una zona natural privilegiada de la Comunidad Valenciana. Su objetivo principal es proporcionar un hogar permanente a primates y grandes felinos rescatados de condiciones deplorables, sin importar cuál sea su origen. Algunos provienen de zoológicos o colecciones ilegales, otros de casas particulares, de circos, algunos confiscados del tráfico ilegal o también rescatados de algún laboratorio de investigación. Tienen un especial interés por aquellos individuos que por alguna razón no pueden ser acogidos en ningún otro sitio. Digamos que se especializan en los casos difíciles y de gran complejidad, dedicando para ello muchos años de rehabilitación y, por supuesto, mucho mucho dinero. A quienes tienen la suerte de llegar ahí se les brinda un sitio agradable y amplio donde podrán pasar el resto de su existencia bajo excelentes condiciones de vida; además disponen de una zona interior, así como acceso a una amplia zona exterior llena de vegetación autóctona.

Cuando colaboré con ellos, tenían en sus instalaciones a cuatro especies diferentes de primates: los habitantes estrella, los chimpancés (*Pan troglodytes*), macacos cola de cerdo (*Macaca nemestrina*), papiones sagrados o babuinos (*Papio hamadryas*) y un grupo de hembras de macacos cangrejeros (*Macaca fascicularis*) que acababan de llegar de un laboratorio que las desechó cuando ya no eran de utilidad.

Algunos animales son bastante jóvenes y otros tienen ya una edad considerable, como el chimpancé Achille, un macho bonachón que ahora tiene casi cincuenta años de edad y se acerca al promedio de vida de un animal en cautiverio, aunque seguramente vivirá mucho más si se le sigue mimando como hasta ahora, ya que el récord de longevidad lo ostenta Chita, la famosa chimpancé que acompañó a Tarzán en su película de 1932 y que murió a los ochenta años de edad. Es probable que Achille fuera capturado por el método tradicional y traumático de matar a la madre en el medio silvestre para luego atrapar a la cría y venderla en el mercado negro, una práctica habitual hasta el siglo xx y que sigue ocurriendo en las zonas más remotas de África donde habitan. En fin, todos los habitantes tienen sus propias historias tristes y conmovedoras, pero también con finales felices. Por eso cada día sus cuidadores intentan darles la mejor vida posible como compensación por todo lo que sufrieron en el pasado.

Mi entrenamiento fue breve y se centró básicamente en conocer el funcionamiento de su sistema de trabajo y se aseguraron de que hubiera comprendido a la perfección todas las estrictas medidas de seguridad que se aplican en cada recinto con el fin de protegerlos y evitar accidentes con los trabajadores. Una cosa es trabajar con un mono tití cuya mordedura te puede hacer un considerable daño en una mano y otra es trabajar con chimpancés adultos, cuya fuerza supera a la de una persona y pueden matarte fácilmente si te descuidas, incluso a través de las rejas metálicas que los separan de ti. Así que, bien instruido y sensibilizado sobre la importancia de cumplir con las normas de la casa, iniciamos nuestra importante misión.

Para el personal que ahí trabajaba ese día comenzó como cualquier otro día de rutina, pero no lo era para mí. Me tocó iniciarme en la sección que más me emocionaba, que comprende el área donde se encuentran los chimpancés y los papiones, divididos en sus propias secciones. Nos acercamos andando y desde la distancia se escuchaban unos gritos ensordecedores y golpes continuos en las puertas metálicas del interior. Había visto documentales sobre chimpancés en los que se escuchan sus gritos, pero tengo que reconocer que lo que ahí presencié no se acerca en lo más mínimo a lo que puedes oír en un programa de televisión. Son intensos, tan intensos que sientes cómo te penetran hasta los huesos y tu cuerpo vibra completamente. Si tuviera que describir esos chillidos con una sola palabra diría «intimidantes», y no dudaría en agregar un «muy mucho».

Antes de entrar, Gina, que era mi coordinadora, me explicó que detrás de la puerta principal hay un muro con dos accesos laterales cubiertos por unas cortinas que no dejan ver qué sucede detrás: a la izquierda está la sección interior de los chimpancés y a la derecha, la de los papiones. Me pidió que al cruzar la puerta me quedara ahí y esperara a su señal para atravesar esas misteriosas cortinas que me llevarían directamente a los chimpancés. Apenas abrió la puerta, el ruido de los gritos era ensordecedor, tan fuerte que te dejaban un poco aturdido. De alguna forma ellos sabían que alguien nuevo había llegado, y puedo asegurar que eran capaces de olfatear mi miedo y la inseguridad que emanaba a chorros por cada milímetro de mi cuerpo.

No pasaron más de dos minutos y Gina se asomó entre las cortinas, gritándome algo. Me costó entenderla porque no podía oír nada de lo que me decía: «No te acerques a las rejas, quédate pegado al muro en todo momento y lo más importante: ¡no los mires directamente a los ojos!». ¿Qué ha dicho?, ¿que no los mire a los ojos?, ¿por qué? Me costaba interpretar sus palabras, la situación me estaba superando por momentos y estaba muy lejos, como nunca antes, de mi zona de confort. Estaba profundamente nervioso intentando pensar entre tantos gritos y ruidos de golpes. Gina, con esa tranquilidad que la caracteriza, me lo volvió a repetir y además me dijo algo que no me esperaba, y que bien podría haberme advertido antes de llegar ahí. Seguramente no me lo había dicho por temor a que me echara para atrás y saliera corriendo, pero con su experiencia sabía también que el susto bien valdría la pena, así que en cierta forma le estoy agradecido. Me dijo: «A algunos chimpancés les gusta escupir a los extraños, pero no te preocupes, que no va a pasar nada». Y de nuevo, antes de que pudiera reaccionar a sus palabras, remató con la siguiente advertencia: «Si te escupen, no reacciones y no te des la vuelta. ¡Les gusta ver que te desagrada!». Me imagino que yo estaba un poquito estupefacto, impávido ante sus consignas, y no quiero ni pensar la cara que tenía. Me miró fijamente y con una sutil sonrisa me lo volvió a repetir: «¡Quédate quieto, porque si no te seguirán escupiendo!». Yo sólo pude asentir con la cabeza y contestarle con un tímido «okay», y entonces me hizo la señal de que la siguiera. Había llegado el momento.

Pasé a través de la cortina de la izquierda y pude ver a los ocho chimpancés, ansiosos por conocerme. Detrás de la gruesa reja, algunos estaban inmóviles y me miraban fijamente en busca de señales de debilidad, mientras otros saltaban de un lado a otro golpeando con manos y brazos las puertas y una mesa de acero inoxidable que retumbaba como un tambor africano. Me acerqué un poco, deseando que ese momento fuera inolvidable, y lo fue, sin duda. En cuanto estuve «a tiro» recibí un enorme escupitajo, jugoso y de penetrante olor, que me dio atinadamente en un lado del ojo y la mejilla. Instantes después, un segundo escupitajo alcanzó mi cara, escurriéndose por el cuello, y un tercero cayó sobre mi chaqueta nueva que me habían dado como parte del uniforme. Aun así, combatiendo con todas mis fuerzas las ansias locas de cubrirme la cara o de salir corriendo, con gran valor y ciega obediencia resistí la sensación de cómo poco a poco los dos escupitajos iban resbalando por mi cara y mi cuello hasta que, tras unos larguísimos segundos de permanecer inmóvil, se me permitió tomar una toallita de papel para limpiarme un poco. «¡Lo lograste, Oscar! —me dijo Gina con gran satisfacción—. Ya has pasado la prueba y no te volverán a escupir.» ¡Mentira cochina! Al menos siete de los ocho chimpancés ya no lo hicieron, excepto Peggy, la mosquita muerta que permanecía inmóvil cual bella flor, pero que con sus ojos color café me decía siempre que me veía: «¡No te acerques que te escupo!» (y lo hacía cada vez que veía la oportunidad).

Tras esos intensos e interminables minutos, los chimpancés se tranquilizaron y se dedicaron a observarme minuciosamente hasta el último detalle, pero a diferencia de mi llegada, ahora lo hacían sin mostrarse agresivos, en silencio. Fue mi bienvenida y la peor novatada de mi vida, pero una vez que acepté que ocupaba el último lugar en el ranking jerárquico de los chimpancés, y asumiendo la premisa de que mi cuerpo llevaría impregnado el olor de sus escupitajos durante el resto de la jornada, todo fue cuesta abajo.

Gina abrió las compuertas para acceder al exterior y los ocho salieron en busca de su desayuno, previamente escondido entre los matorrales como estímulo adicional. Conforme encuentran frutas y verduras comienzan a comérselas bajo los cálidos rayos del sol invernal, mientras que Achille se dedica a recolectar cuantas zanahorias puede cargar para que no se las gane nadie más. Con las compuertas ya cerradas y aseguradas, pude entrar en su confortable sitio de descanso a recoger restos de verduras de la cena, sacudir sus mantas, recoger cacas, cambiar serrín y limpiar sus obras de arte que a veces dejan plasmadas en los muros, y que realizan pintando con sus bocas y manos. Suena asqueroso, pero debo reconocer que esas figuras abstractas hechas con caca previamente masticada son sumamente interesantes. Desde el punto de vista técnico, a este comportamiento se le conoce como *painting* y, aunque es considerado como algo «anormal», por muy bien que se les trate puede parecer como una respuesta inherente a la cautividad. Yo sinceramente creo que son verdaderas obras de arte que realizan con el material que tienen a mano, y durante toda mi estancia me dediqué a fotografiar cada una de sus creaciones, que me resultan verdaderamente asombrosas. Se puede apreciar a simple vista que no es sólo cuestión de «embarrar caca», y es evidente que utilizan una técnica en la que aplican distintas presiones con su boca, realizan giros con sus dedos y dan retoques finales; al verlos, no puedo evitar echar a volar la imaginación sobre su significado.

Al día siguiente me tocó la sección donde están los macacos y ahí las cosas son mucho más sencillas. Ellos son más amigables, y al contrario que los chimpancés y los papiones, que evitan mirarte a los ojos, los macacos buscan continuamente tu mirada para comunicarse. Gesticulan cuando te ven, esperanzados de que les contestes con algún gesto que ellos reconocen como una señal de aprecio y confianza. Levantan las cejas, mueven la cabeza hacia arriba y mueven sus bocas graciosamente, pero resulta aún más divertido cuando les contestas haciendo los mismos gestos y se entabla una extraña conversación sin sentido pero que podría traducirse como un «no se qué me dices, pero ¡me encanta!». Cuando están en la zona exterior te vigilan desde lejos, para luego caminar hacia ti, detenerse como esperando una respuesta y después continuar su camino. Es muy curioso que Ino, el líder de los macacos, esté obsesionado con los zapatos de la gente, observa con admiración cada detalle: cómo son, de qué color, qué suelas tienen, si los cordones son coloridos o si están bien atados. Tal vez en una vida anterior fue un experto zapatero o un fetichista... Nunca lo sabremos.

Existe una rigurosa política de interactuar con ellos lo menos posible para no establecer vínculos afectivos, pero con esas caras tan dulces, ¡es imposible no mirarlos! Todos los primates tenemos una gran necesidad de interactuar, de comunicarnos con los demás, de ser aceptados y reforzar nuestros lazos afectivos a través de actividades grupales como el acicalamiento. Probablemente la escena más común del acicalamiento sea cuando unos a otros se buscan y dedican horas para eliminar los parásitos que tienen escondidos en el pelo de sus cuerpos. Cuando dejas que otro primate te acicale, le estás demostrando cuánto confías en él, y ésta es la forma más sencilla de establecer lazos duraderos. ¿Podríamos intentar lo mismo en nuestro trabajo con nuestros compañeros? Bueno, creo que la respuesta es un tácito ¡NO! Si les decimos que tenemos parásitos en la cabeza y necesitamos que nos los quiten, lejos de crear un vínculo, nadie querría acercarse a nosotros y la empresa nos pondría directamente en cuarentena, y si en cambio intentamos acicalar a alguien, a buen seguro que nos acusarían de acoso sexual. ¡Mejor no intentarlo!

Sin embargo, aunque la técnica no es exactamente la misma, sí se aplican los mismos principios de confianza y reciprocidad durante las actividades que a veces las empresas contratan para mejorar las relaciones entre sus empleados. La diferencia entre los primates no humanos y los humanos está en que nosotros reprimimos inconsciente y conscientemente nuestras emociones y pagamos para que alguien venga a enseñarnos lo que en teoría ya deberíamos saber o que no queremos aplicar por vergüenza o simplemente porque no nos da la gana. El resto de los primates son más inteligentes que nosotros: lo hacen de forma natural y gratuita, ¡y les va fenomenal!

No sólo compartimos con los chimpancés el 98 % de nuestros genes, sino que llevamos una herencia igualmente común en nuestro comportamiento: podemos ser tan agresivos y conspiradores como amables y tiernos, curiosos, empáticos o creativos. No sólo veo en ellos a seres inteligentes, sino que son un reflejo tanto de lo mejor como de lo peor de los seres humanos. Sin pretender hablar de psicología, psicopatías y demás problemas de comportamiento, hay que hacer un reconocimiento público de lo mucho que hemos aprendido de nosotros mismos estudiando a los primates, primero en cautiverio y en las últimas décadas en su hábitat natural. Unas líneas atrás hablaba de la importancia de los vínculos sociales y los refuerzos positivos. Pablo Herreros decía que la amistad y el cariño son muy parecidos a la comida, y es verdad, porque ambos son imprescindibles.

Seguramente recordará que antes, en los zoológicos, los animales no recibían ningún estímulo que los motivara ni siquiera un poquito. Encerrados en sitios inadecuados, sólo recibían una mínima alimentación básica y un montón de visitantes diarios que los molestaban y estresaban continuamente. Se desconocía cuántos trastornos psicológicos podían sufrir por no estar en contacto con otros animales de su misma especie o por haberlos separado de sus padres desde pequeños. Por eso era tan común ver en esos terribles lugares a todo tipo de animales con unas psicopatologías aterradoras. Aún recuerdo en mi infancia haber visto elefantes u osos que no paraban de balancearse de un lado a otro, lobos que no paraban de recorrer en círculos sus minúsculas jaulas o chimpancés que se autoamputaban algún miembro de su cuerpo. Fueron tiempos muy difíciles para ellos, y aunque hemos recorrido un largo camino en cuanto a la ética y el trato digno, aún hay muchas injusticias y sigue habiendo un buen número de animales cuyas experiencias traumáticas los han marcado de por vida. Menos mal que cada vez hay más gente buena que se preocupa por su bienestar, sin importar que se trate de primates o gatos de la calle.

Pero volviendo al increíble esfuerzo y magnífico trabajo que se hace para darles una vida digna a los primates y a otros animales, quiero terminar de contar mi experiencia con los chimpancés. En concreto, la despedida. Con el paso de los días, pude conocer a cada individuo en particular, y en cuestión de una semana era capaz de reconocer a cada miembro de las manadas. Cada uno tiene su personalidad particular, y resulta imposible no crear vínculos emocionales con ellos. Unos años después de haber terminado mi colaboración como voluntario, tuve una maravillosa oportunidad de visitarlos de nuevo, aunque sólo por unos minutos. Me dieron permiso para acercarme a saludarlos y caminar un poco alrededor de sus zonas al aire libre. Por supuesto, me dirigí directamente hacia los chimpancés. Aunque esperaba una bienvenida ruidosa y agresiva, me sorprendió muchísimo que, conforme me acercaba, siguieran en silencio y tranquilos. Poco a poco iban saliendo de sus sitios de descanso y se acercaban a saludarme. Era una bienvenida inesperadamente amable y cortés. Se acercó primero Patrick, el líder, y detrás le siguieron tres más. Luego vino Achille a paso lento, y por unos momentos caminaron a mi lado, como cuando te reencuentras con unos viejos amigos y te pones al día. Finalmente llegó Prudence, una de las hembras del grupo con la que tuve una chispa especial desde el primer día que nos conocimos y uno de los pocos que no me escupieron en mi novatada. Nos quedamos solos, sentados uno frente al otro, y nos miramos fijamente un buen rato. Tuvimos una hermosa conversación silenciosa, a través de miradas que superaban el poder de las palabras. Conmovido hasta las lágrimas, me despedí de ella y del grupo entero. Ese día me llevé el mejor y el más grande regalo que podían haberme hecho: ¡ya era parte del grupo!

13
Los osos invisibles

—Alguien quiere hablar con usted —le dijo el veterinario al hombre, mientras le entregaba su teléfono sin darle tiempo a reaccionar.

—¿Sí?

—Escúchame, sé que tienes a un oso recién nacido, sé en qué condiciones se encuentra y sé también que lo vas a vender a un traficante de animales... Está en tus manos el futuro de esa pobre cría.

Era enero de 2013 y así comenzaba una difícil negociación para rescatar a Bruno, un oso pardo que había nacido hacía menos de una hora y le había sido arrebatado a su madre. Con menos de 400 gramos de peso, del tamaño de la palma de una mano, e incapaz de conservar su calor corporal por sí mismo, había sido envuelto en unos trapos y metido dentro de una caja, totalmente indefenso, desnudo y ciego. Era inconsciente de la intensa lucha a contrarreloj para salvarlo de un oscuro futuro como animal de circo, o algo peor.

Mi amiga Anel, esa incansable rescatadora de aves que me entregó una gaviota en la víspera de mi boda, había logrado infiltrarse como asistente veterinaria en un controvertido núcleo zoológico privado ubicado dentro de un vertedero de basuras en un pueblo de la provincia de Alicante, que utilizaban para intentar lavar su mala imagen y gestión. Llevaban varios años de denuncias por las malas condiciones en las que se encontraban los animales, entre los que había cuatro osos pardos que tenían a sus lomos un largo y triste recorrido de jaula en jaula. Poco se había logrado hasta entonces, pero nuevas denuncias reavivaron el caso.

Nuestra historia comenzó como un esfuerzo por sacar de esas instalaciones a esos osos y unos tigres, hasta que la trama dio un giro insospechado cuando descubrieron que la osa estaba en proceso de parto. Ya no había tiempo y el administrador del sitio, que estaba hasta el cuello de problemas legales, buscó la solución más rápida y sencilla para deshacerse de la cría: la vendería por 600 euros a un conocido comerciante de fauna salvaje. Pero las palabras persuasivas de Anel y su insistencia por salvar al osezno lograron tocar la vena sensible del administrador y aceptó entregarlo.

Para Bruno ya era demasiado tarde y no volvería a reunirse con su madre, pues había un gran riesgo de que fuera rechazado y lo matara, así que de pronto se vieron inmersos en una realidad inmediata, que era mantener al osezno en una incubadora y alimentarlo con biberón. ¿Podría ser reintroducido en su medio natural? Ésta era una pregunta que rondaba por su cabeza y por la de los miembros de algunas fundaciones y grupos dedicados a la protección de los osos en España, pero era una misión en extremo complicada. Este pequeñín necesitaría de una madre que le enseñara lo necesario para sobrevivir, y además no debía tener contacto alguno con los humanos. No existían garantías de éxito, y la ausencia de cariño y atención podía hacer que Bruno sufriera importantes alteraciones de comportamiento y personalidad, tal como ocurre con los primates.

A su tierna edad, el contacto físico es un factor clave para el correcto desarrollo de la personalidad del osezno. Se tomó entonces una difícil decisión que le daba la mayor esperanza de vida: criarlo a mano bajo la tutela de cuidadores humanos, y fue trasladado al mejor sitio donde se le podía atender como era debido, con veinticuatro horas de atenciones y mimos: el Safari Aitana, enclavado en las montañas del norte de Alicante.

Cinco semanas después, Anel asistía a su primera revisión, en la que tuve la oportunidad de estar presente junto con Mar, mi Marida solidaria. Este regordete osezno de ojos azules era un insaciable bebedor de leche que buscaba el biberón y mamaba de la barbilla de quien cargara con él. Lo hacía con tal fuerza que Mar llevó orgullosa su barbilla amoratada durante más de una semana. Aun sin dientes, era tan inquieto que debíamos tener cuidado con sus enormes garras, ya que involuntariamente te podía arañar la cara entera. Ya tenía el tamaño de un cachorro de labrador de dos meses de edad. Su pelo, denso y de un color gris cenizo, llevaba bien definido su collar de color blanco alrededor del cuello, que va desapareciendo conforme alcanza la madurez. Me asombró profundamente la personalidad tan marcada que un cachorro puede tener a esa corta edad, y seguro que las cosas habrían sido muy distintas si se le hubiera criado sin contacto físico o social.

Mientras Bruno seguía creciendo y jugando, las gestiones continuaban. Durante cinco meses se movió cielo, mar y tierra para conseguirle un hogar definitivo. Finalmente, con seis meses de edad y 30 kilos de peso, fue enviado al centro de acogida de fauna silvestre Karpin en Bilbao, donde ahora vive en compañía de una osa adulta. A sus padres y abuelos se les logró reubicar meses después en Lacuniacha, un parque faunístico en los Pirineos aragoneses, donde su madre dio a luz nuevamente, y por suerte el osezno no fue separado de ella. Un final feliz para todos los osos, a pesar de que pasarán el resto de sus vidas en cautiverio, pues su reintroducción en la naturaleza es absolutamente inviable.

En España hay dos poblaciones de osos pardos: los cantábricos (*Ursus arctos arctos*) y los pirenaicos (*Ursus arctos pyrenaicus*). Aunque son una especie protegida desde 1973, se encuentran al borde de la extinción, con un panorama poco prometedor debido al cambio climático y a la expansión de la población humana. Me costó mucho encontrar noticias positivas sobre el mamífero más grande, emblemático e imponente de España y de todo el Hemisferio Norte. Cuanto más investigaba, más desconcertantes y preocupantes eran mis descubrimientos sobre las lagunas informativas y las diferencias que hay sobre cuántos osos quedan y cuál es su situación actual.

Por los datos que he encontrado, me atrevo a pensar que hay demasiados actores y demasiados intereses cruzados. Me da la sensación de que algunos prefieren mirar hacia otro lado cada vez que los osos sufren ataques de cazadores y gente sin escrúpulos, mientras que otros se dedican a señalar dichas situaciones, arriesgando en muchas ocasiones su propia integridad. Lo único que me queda claro es que gracias a su protección legal y a inversiones millonarias en conservación y cuidados, aún sobreviven en los lugares más remotos, tan remotos que parece que se han convertido en unos osos invisibles, al menos para la mayoría de nosotros, que ignoramos quiénes son y dónde se encuentran.

Mucho se ha dicho de su fiereza, y aunque no cabe duda de que estarían dispuestos a defenderse por proteger a sus oseznos, o a cazar a otros animales si están hambrientos, los osos son muy claros respecto a sus intenciones: basta con observar un poco su comportamiento natural para entender que lo que nos están pidiendo es que los dejemos vivir en paz. Los osos son animales impresionantes y poderosos, pero prefieren mantenerse lejos del hombre viviendo en los sitios más apartados y recónditos del norte de España en busca de frutas y miel para comer.

Aunque alguna vez habitaron prácticamente todos los bosques maduros de la Península, ahora sólo habitan las regiones más inhóspitas de la cordillera Cantábrica y los Pirineos, intentando pasar desapercibidos. Las fundaciones que los protegen y los vigilan son las que mejor saben en qué zonas se encuentran, y en los últimos años se han desarrollado importantes actividades de ecoturismo para incentivar su conocimiento y hacerlos visibles para la sociedad. Eso sin duda tiene sus pros y sus contras, pero lo veo tremendamente beneficioso porque las actividades turísticas respetuosas del medio ambiente son las únicas actividades económicas capaces de hacer que los gobiernos cambien sus políticas de conservación. De modo que, a pesar de los inherentes riesgos, ¡enhorabuena!

¿Alguna vez ha escuchado la expresión «hacer el oso»? A pesar de tener sus orígenes en la cultura latina, en la España moderna se utiliza muy poco, y en cambio es muy común en Latinoamérica, incluyendo la versión más moderna que dice: «¡Qué oso!». Estas frases se forjaron gracias a los osos que se exhibía en los circos, donde aparecían a veces vestidos como humanos o llevando ridículos sombreros, y eran controlados por un domador que los obligaba a hacer bailes, acrobacias y otros trucos que los ridiculizaban.

Aún recuerdo cuando en los circos se exhibía a elefantes, camellos y fieras salvajes entre las que no podían faltar los osos. Cuando llegaban a la ciudad, era un espectáculo verlos entrar en caravana por las calles, mostrando todos sus animales en remolques convertidos en jaulas que nos despertaban el deseo de aproximarnos para verlos de cerca y, ya de paso, entrar a ver el espectáculo. Eran otros tiempos, y ni mis padres ni yo éramos conscientes del maltrato y el sufrimiento a los que eran sometidos. Pero supongo que a mi tierna edad algo se removía dentro de mi pequeño corazoncito cuando los veía ahí encadenados de sus patas o del cuello, incapaces de moverse con libertad.

Aún tengo grabado en mi mente aquel escenario. Dentro de una enorme carpa azul con franjas amarillas había unas altas gradas que rodeaban una pista central. Ahí había tres grandes bancos sobre los que el domador, armado únicamente de un ruidoso látigo, hacía que un elefante, dos enormes osos y un león subieran, para luego bailar, girar y saltar obedientemente. Pero también recuerdo a la perfección sus miradas sumisas aunque llenas de odio, con las que vigilaban a su verdugo mientras les daba certeros latigazos. No quiero ni imaginar las palizas que debieron de sufrir para lograr dominarlos, y me alegro profundamente de que este tipo de exhibiciones estén casi extinguidas en la actualidad.

Me pregunto: ¿cómo es que un oso, ese grandioso y magnífico ser que desde la prehistoria ha simbolizado la nobleza y la invencibilidad en muchas culturas, ha llegado a ser considerado un símbolo de divertimiento? La respuesta, un poco inesperada y sorprendente, nos la da el historiador francés Michel Pastoureau. En su libro *El Oso: historia de un rey destronado* (2008), explica ampliamente cómo, en tiempos medievales, la poderosa Iglesia católica declaró la guerra al oso y a todos quienes lo adoraban, realizando una intensa y larga campaña para eliminar todas las costumbres y rituales paganos que lo tenían por un ser con atributos divinos o propios de la nobleza. En su lugar comenzaron a utilizar al león como sustituto: un animal al que consideraban de mayor dignidad y pureza, sin rasgos ni atributos que pudieran competir con la divinidad.

Al parecer, desde el siglo v, la Iglesia católica utilizó la técnica de demonizar, humillar, vencer y, finalmente, domesticar al oso, utilizando a los santos como grandes artífices del dominio de las fieras. Como ejemplo está el escudo papal de Benedicto XVI, donde se aprecia a un oso ataviado con una montura de caballo. Este escudo hace honor a san Corbiniano, quien, según la leyenda, obligó a un oso a servirle de cabalgadura y lo obligó a llevarle a Roma después de que el animal matara a uno de sus caballos.

Ursum similo era una frase latina que reprobaba profundamente todos los malos comportamientos y actos grotescos que la gente, sobre todo los niños, podía hacer. Se traduce más o menos así: «comportarse como un oso». Sin embargo, el significado moderno de «hacer el oso» cobró fuerza durante el siglo XII, cuando era muy común que en los espectáculos itinerantes, junto a juglares y titiriteros, se exhibiera a los osos. Se los había convertido en animales de circo.

Fue tal el éxito de la Iglesia católica para desprestigiar al oso, que para el siglo XIII la nobleza ya estaba cambiando sus tradiciones: la «caza noble» se centraba ahora en el ciervo y los osos ya no eran dignos de ser cazados. Poco a poco se dejó de utilizar a los osos en los blasones y sólo unas pocas ciudades lo conservaron en sus escudos de armas como Berna, Berlín y Madrid, en la que el oso que ahí aparece conmemora el triste honor de un ejemplar que fue abatido por el rey Alfonso XI.

Prefiero pensar que, además de su historia, el Oso y el Madroño que ostenta la ciudad madrileña representa dignamente al más majestuoso animal que alguna vez reinó en los bosques españoles. Hace cuarenta años, el gran Félix Rodríguez de la Fuente ya advertía en uno de sus documentales que estábamos prácticamente ante el ocaso de una especie.

Cuatro décadas han pasado y el oso pardo sigue al borde del abismo. Pero a pesar de tantos peligros, y sin duda gracias a los enormes esfuerzos que las ONG están llevando a cabo, se ha logrado incrementar su población ligeramente. Y aunque aún queda un largo y difícil camino por recorrer, sobre todo en la concienciación y mejora de la imagen del oso en las zonas rurales, ¡aún hay esperanza!

14
Las libélulas asombrosas

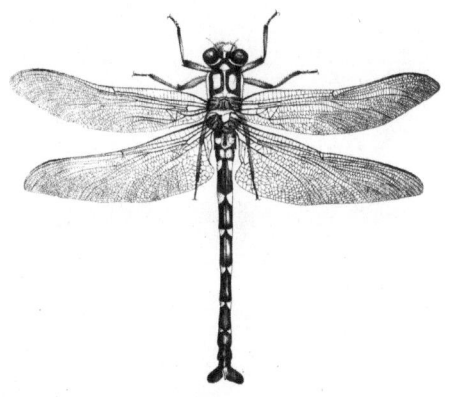

Hablando de osos y aún pensando en ellos, me los imaginé, como en los grandes documentales, vagando libremente por los densos bosques, penetrando en los gélidos ríos y atiborrándose de salmones antes de comenzar a hibernar. Muy cerca de ellos, algunos cuervos y zorros luchan por los despojos que los osos dejan atrás, mientras que unas hermosas águilas calvas cazan al mismo tiempo los enormes y abundantes peces que ahí habitan. Y luego pensé: «¿Cómo sería ese mismo escenario llevado a un mundo en miniatura? ¿Quiénes serían esos "grandes" depredadores alimentándose de la minúscula pero abundante vida de las charcas, los ríos y los estanques?». ¡Las libélulas!

Sí, todos conocemos a las libélulas y a los más menuditos caballitos del diablo, de colores hermosos y alas de fábula que decoran nuestras casas, nuestros libros y llevamos orgullosos como colgantes o pendientes que nos traen buena suerte. Pero ¿se ha detenido a pensar en algún momento de dónde vienen, qué comen o dónde viven?

Debo comenzar diciendo que hay una importante diferencia entre las libélulas y los caballitos: ambos pertenecen al orden de los odonatos, que significa «dotado de dientes», aunque es en realidad una máscara compuesta de poderosas mandíbulas con pequeños dientes. Dentro del orden, se distinguen en dos subórdenes distintos llamados zigópteros y epiproctos por la forma de sus alas. Para diferenciar unos de otros, basta con ver la posición de sus alas: cuando están en reposo, las libélulas tienen siempre sus alas «abiertas», mientras que los caballitos las pliegan por encima de su cuerpo.

Quiero pedirle que se imagine por un momento ese mundo análogo del que le hablaba. No hay necesidad de ir a los prístinos bosques de Alaska; simplemente, imagínese un estanque o un río calmo, de esos que vemos a través de la ventanilla del coche, pero que rara vez nos detenemos o nos acercamos a observar de cerca. Es más, para hacerlo aún más sencillo, piense en una simple balsa de riego o un abrevadero, no importa que éstos hayan sido hechos por la mano del hombre, pues donde hay agua, hay vida. Ahí, tanto dentro como fuera del agua, habrá seres que, aunque minúsculos, pueden ser comparados por su actividad con aves cazando o escondidas entre la vegetación, grandes peces depredadores y muchos otros más, todos conviviendo en ese microhábitat casi invisible.

El mismo año en que yo nacía, un admirable naturalista, investigador y educador ambiental dejaba este mundo, por allá en 1974. Treinta años después, un anónimo turista canadiense, fascinado por mi trabajo con las ballenas y las tortugas marinas, me regalaba un libro titulado *The Forest and the Sea*. Recuerdo que esa noche bajó de su habitación del hotel para buscarme en la playa, y mientras cuidaba a una tortuga que pausadamente depositaba sus huevos, se sentó a mi lado sobre la arena y me entregó su libro como un incalculable tesoro. Me aseguró que Marston Bates, el autor, tenía una forma muy particular de ver y de conectar entre sí los elementos de la naturaleza más dispares, como la selva y el arrecife. No estaba equivocado, pues tras leer el libro, su particular forma de interpretar la naturaleza me cautivó. En sus páginas encontré unas palabras que considero ideales para describir lo que siento y lo que pienso sobre ese mundo en el que habitan las libélulas: «Los estanques poseen, ante todo, la fascinación de lo minúsculo. Constituyen un mundo claramente limitado por las orillas, el fondo y la superficie; un mundo aparte que, debido a sus pequeñas dimensiones, parece fácil de comprender, describir y analizar». Sin embargo, admite también que los estanques son un misterio que escapa a su comprensión, ya que la superficie del agua le señala una barrera que no puede franquear, excepto con la imaginación.

Esta maravillosa descripción la realizó un hombre que, curiosamente, se especializó en el estudio de los mosquitos como transmisores de enfermedades, y seguramente trabajando con ellos y con sus larvas acuáticas, tuvo la oportunidad de ver y de apreciar de cerca el maravilloso mundo de los estanques, incluidas esas simples y pequeñas charcas cuyo tiempo de vida está a merced de las caprichosas lluvias. Es habitual escuchar que los cuerpos de agua no son más que asquerosos criaderos de mosquitos y fuentes de enfermedades, y hubo un tiempo en que se optaba por drenarlos o rellenarlos con tierra para evitar la presencia de alimañas. Sin embargo, no importa que se trate de lagunas, arroyos, ramblas, acequias, pilones o abrevaderos, incluso las más pequeñas y despreciables charcas temporales poseen una vida misteriosa, minúscula y casi mágica. ¡Son microuniversos!

Antes de llegar a nuestras protagonistas con alas de reflejos irisados, le invito a acercarse y observar con detenimiento lo que vive en los estanques que se forman tras las lluvias. Para ello le pediré que se ponga «las gafas de Oscar» (como mi mujer suele llamarlas) y que no son otra cosa que unas gafas invisibles hechas de una aleación de voluntad y perseverancia, con las que podremos enfocar nuestra mirada en lo minúsculo, en eso que normalmente no vemos pero que está ahí, esperando a que lo descubramos.

Con el paso de los primeros días, algunos animales van apareciendo misteriosamente en el estanque: unos llegan sin querer, otros por sus propios medios y otros más llegan como polizones de aves e insectos que inocentemente se acercan para saciar su sed. Acérquese más y, si es necesario, póngase cómodo, porque la paciencia es indispensable para la efectividad de las gafas. Podrá ver subiendo y bajando sin cesar a las larvas de los mosquitos, que se sumergen de nuevo para comer con frenesí algas microscópicas. ¡Son como peces! También podrá ver cómo algunas libélulas se acercan con rapidez a la superficie y, mientras vuelan, meten la cola en el agua repetidamente: ¡están poniendo sus huevos!

A la tarde siguiente, tómese de nuevo su tiempo para acercarse y observar con calma; podrá ver algunos curiosos escarabajos y chinches acuáticas que nadan y se sumergen ágilmente, como si de pequeños patos se tratara. Me gusta pensar que son unos superhéroes, porque todo el mundo desearía ser como ellos: ¿le gustaría poder volar de un sitio a otro y luego, sin llevar nada más que su propio cuerpo, sumergirse en el agua sin mojarse? Pues éstos han logrado lo inimaginable, tanto que los han llamado insectos «hidrofóbicos perfectos», porque aunque estén sumergidos bajo el agua, son capaces de permanecer absolutamente secos gracias a una microscópica capa de aire que los protege como si llevaran un traje espacial o de submarinista, que es además lo que también les permite respirar bajo el agua. Quizá alguna vez los haya visto en su piscina, pensando que cayeron al agua por accidente. Luego los recoge con la red, los saca y los echa al césped. ¡Milagrosamente, y en cuestión de un instante, echan a volar y se van a buscar otro sitio donde puedan nadar en paz!

Vuelva al día siguiente al estanque y busque de nuevo. Observe bien con esas gafas especiales y descubrirá que ahora hay unos bichos que continuamente caminan por el agua sin mojarse las patas. Los chinches patinadores tienen unas patas enormes que triplican su tamaño, por lo que las usan como patines y son capaces de dar enormes saltos y moverse tan rápido que desaparecen literalmente de su vista. Otros en cambio, mucho más pequeños y redondos, prefieren hacer círculos vertiginosos a tal velocidad que suelen chocar unos con otros como si se tratara de los divertidos autos de choque, aunque son incapaces de marearse o de sufrir algún latigazo cervical. Tal vez por eso los llaman girínidos o escribanos, porque parece que al nadar estén escribiendo sobre el agua con una pésima caligrafía. Además, tienen los ojos adaptados para ver tanto por debajo como por encima del agua, algo que les viene muy bien para protegerse de sus depredadores mientras buscan su alimento.

En la mayoría de los casos, éstos y muchos otros insectos de los charcos se dedican a alimentarse de las larvas de los mosquitos que tanto odiamos, convirtiéndose así en nuestros grandes aunque minúsculos aliados. Al cabo de un par de semanas, ese pequeño estanque se ha convertido en un verdadero ecosistema, un universo en miniatura y de gran complejidad donde con un poco de suerte ya habrán aparecido también algunos renacuajos, caracoles y hasta salamandras, sin dejar de lado el trasiego de aves que vienen a saciar su sed.

¿Y qué hay de las libélulas y los caballitos del diablo? Las estaremos viendo pasar volando y manteniéndose cerca del estanque, pero ésas son las formas adultas, y también queremos verlas cuando son pequeñas y permanecen lejos de nuestra vista. Es común que nos olvidemos de esa etapa en la que suelen ser muy discretas, pero que puede llegar a durar varios años antes de que logren convertirse en esos ágiles y coloridos adultos que conocemos tan bien. Pero como a estas alturas usted ya estará familiarizado con todos los habitantes del estanque y sus visitantes ocasionales, no le costará mucho esfuerzo encontrarlas.

No tenga miedo de utilizar de nuevo sus gafas mágicas para centrarse en lo que ahora vive oculto en el fondo del agua. ¡Ahí están!, moviéndose entre la hojarasca, las plantas y las rocas. Tal vez no las reconozca, pues no son como las que solemos ver volando, sino que son mucho más pequeñas y se parecen más bien a unas langostas en miniatura, algo así como una mezcla entre gamba y bogavante. Las larvas de los caballitos son más delgadas y con una especie de plumero en su cola, mientras que las de las libélulas son más regordetas. Van caminando lentamente, recorriendo todo el fondo del estanque, y cuando algún renacuajo pasa cerca, ¡pam!, de su boca articulada sale algo así como un enorme brazo que termina en unas poderosas pinzas con el que captura su presa a una velocidad sorprendente. No es otra cosa más que su mandíbula inferior, pero verla salir despedida como si de un brazo humano se tratara da un poquito de miedo. ¡Menos mal que son tan pequeñas!

Pero llega un día en el que sienten la llamada de la naturaleza para convertirse en libélulas adultas, por lo que salen del agua, trepan hacia alguna rama y se aferran a ella mientras experimentan una lenta metamorfosis comparable a la de las orugas y las mariposas. Poco a poco van inflando sus hasta entonces atrofiadas alas, hasta que éstas quedan perfectamente extendidas y endurecidas. Saben que su vida será muy corta, pues la mayoría de las especies no vivirán más de unas pocas semanas.

No es de extrañar entonces que dediquen el resto de sus días a disfrutar de cada instante, y eso incluye reproducirse. Debo reconocer que, a diferencia de los pececillos de plata y las salamanquesas, las libélulas y los caballitos del diablo han sabido diversificarse en cuanto a las técnicas de reproducción, y todas ellas se alejan de la sencillez: tienen elaborados rituales preliminares en los que los machos hacen una verdadera exhibición aérea, y en algunos casos utilizan el reconocimiento táctil en el que la técnica vale más que la belleza. Luego, por supuesto, tiene que llegar la aceptación por parte de la hembra o, en caso contrario, un diplomático rechazo. Como suele pasar, los machos son tan testarudos que las hembras, para deshacerse de ellos, en ocasiones no les queda otra salida que ¡hacerse las muertas!

Pero si todo marcha bien, llegarán a la cópula, que aunque en algunos casos puede durar tan poco como diez o quince segundos, puede alargarse tanto como ¡seis horas! Vamos, lo normal... Y es aquí donde viene lo mejor, desde el primer momento el macho se sostiene firmemente con su cola detrás de la cabeza de la hembra, algo que se conoce como el «tándem», pues hacen una especie de «trenecito» en el que pueden volar juntos de un sitio a otro. En el momento cúspide, toman la posición de la rueda, que además de dejar constancia de la flexibilidad de estos animales, a veces nos regala la forma de un corazón a quienes las observamos. ¡Qué romántico! Como la competencia por reproducirse es feroz, para asegurarse de que ningún otro macho las fertilice, nuestros amigos galantes las acompañan y protegen hasta estar seguros de que han depositado sus huevos con éxito. Algunos prefieren quedarse en la posición de tándem, llevados a voluntad por las hembras, e incluso se quedan enganchados a ellas cuando se sumergen bajo el agua para depositar los huevos.

Es difícil imaginar que hace unos 320 millones de años ya había libélulas sobrevolando las ciénagas, y aunque eran muy parecidas a las especies modernas, las alas de una libélula adulta alcanzaban ¡los 70 centímetros de envergadura! Si hubiéramos vivido en esa época, no cabe ninguna duda que verlas hacer vuelos rasantes con ese tamaño nos daría razones de sobra para echar a correr, evitando, por supuesto, entrar en el agua para esquivar sus larvas, que seguramente tendrían las mismas aterradoras bocas articuladas.

Aunque siempre relacionamos a las libélulas con los estanques, la verdad es que los adultos se pueden alejar grandes distancias y por largo tiempo del agua. De hecho, se las puede ver prácticamente en cualquier sitio, incluyendo zonas muy secas y desérticas. A veces, en pleno verano, mientras paseo a mis perros entre la vegetación mediterránea, reseca y amarillenta, me encuentro a una solitaria libélula posada sobre alguna ramita. Otro día de pronto veo cómo hay tantas que me resulta imposible contarlas, pues sin posarse a descansar, se pasan el tiempo sobrevolando entre dos y seis metros de altura, persiguiendo y comiendo mosquitos al vuelo. Y luego, al día siguiente, de nuevo no hay ninguna. Puede ser que hayan nacido en algún embalse cercano, pero es muy probable que se trate de esas libélulas aventureras llamadas migratorias, que, deseosas de aventura, ponen a prueba sus capacidades de vuelo y se atreven a viajar más lejos que ningún otro insecto.

La vertiente mediterránea es ideal para ver algunas de las libélulas migratorias. Las hay que cruzan desde África y Asia y se establecen en el sudeste de España, como *Sympetrum sinaiticum* y *Trithemis kirbyi*, aunque sin duda la especie más curiosa es la llamada «emperador vagabundo»

(*Anax ephippiger*), que al parecer es parte de una migración de tres generaciones que abarca desde el sur de África hasta el norte de Europa. Y ya que hablamos de cómo en los últimos años se está descubriendo esa gran capacidad y asombrosa resistencia a los viajes largos, no quiero dejar de mencionar a la *Pantala flavescens*, una especie capaz de cruzar océanos enteros. Aunque todavía quedan muchos misterios por resolver (como sus rutas y durante cuánto tiempo viajan), los análisis genéticos han demostrado que todas pertenecen a una misma población originaria del sur de la India, lo que la ha hecho merecedora del título de «libélula trotamundos». Según parece, en cuestión de semanas sus larvas ya se han convertido en adultos y a partir de entonces siempre están viajando a grandes alturas en busca de agua para reproducirse, por lo que si aprovechan los vientos adecuados, una libélula que nació en la India puede reproducirse con otra que nació en África o incluso en Norteamérica. Dicen que su gran secreto es que poseen unas alas más anchas, pero yo creo que en realidad descubrieron que el mundo no es tan grande como todos creen y se han propuesto demostrarlo. ¡Cuánto nos queda por aprender de estos bichos de voluntad infranqueable!

Sin embargo, ésta no es la única razón por la que los seres humanos sentimos tanta admiración por ellas. Me atrevo a asegurar que su belleza y el misterio que aún las rodea nos han cautivado tanto que esa admiración se ha convertido en devoción. ¿Se ha fijado que hoy en día están de moda? Han inspirado la creación de infinidad de obras de arte, decoración y joyería, como un talismán portador de buena fortuna y símbolo de libertad. Pero como ocurre mucho en la moda, no es la primera vez; desde el año 2700 a.C. los sumerios plasmaron en poemas sus observaciones sobre el comportamiento, su ciclo de vida y sus migraciones, mientras que los japoneses las veneraron desde tiempos muy antiguos como símbolos de felicidad, fuerza, valor y elegancia.

Gracias a su carisma y belleza, en la actualidad se las aprecia tanto como a las mariposas y las aves, ocupando un sitio privilegiado entre los animales que los fotógrafos de naturaleza prefieren buscar. Debido a ello, alrededor del mundo existen santuarios especializados para ver y fotografiar a estos insectos, como en Japón, Gran Bretaña y Estados Unidos, y hay además una tendencia cada vez más fuerte de crear estanques en los jardines privados para atraerlas y, por supuesto, admirarlas. No sé a usted, pero a mí me encanta verlas cuando están descansando sobre alguna rama. Ése es el momento ideal para observar su belleza y tomarnos el tiempo necesario para encontrar el ángulo idóneo antes de sacarles una fotografía que inmortalice el encuentro. Si yo tuviera un gran jardín, estoy seguro de que lo adaptaría para tenerlas más cerca, pues creo que no hay terapia más sanadora que sentarse a la orilla de un río calmo o un tranquilo lago para curar nuestra mente y equilibrar emociones.

Hablando de equilibrio, ¿qué nos dicen sus nombres? El significado de «libélula» tiene mucho sentido cuando las vemos volar, pues deriva de una palabra latina que significa «balanza», refiriéndose a su asombrosa capacidad de mantenerse estáticas en pleno vuelo, suspendidas en un equilibrio perfecto. Pero no deje que su fugaz momento de inmovilidad le engañe, pues en cuanto ven pasar a otra libélula o a algún insecto volador del que puedan alimentarse, echarán a volar rápidamente, alcanzando velocidades que llegan ¡hasta los 98 kilómetros por hora!

El nombre de «caballito del diablo» tiene un origen más misterioso. Por una parte, se cree que fueron enviados desde el infierno para hacer al mundo más desgraciado, y en las leyendas cantábricas se dice que son en realidad hombres que perdieron el alma por sus pecados, condenados a vagar por la tierra con la forma de estos insectos. Pero como suele suceder, eran otros tiempos en los que los miedos y el desconocimiento nublaban nuestro entendimiento de las cosas. Me gusta más la versión hindú, según la cual, las libélulas son almas humanas esperando poder reencarnarse en otras personas. Hay otra explicación de por qué las llaman «caballitos», y se cree que esta denominación empezó porque tienen unas patas muy largas, como las de los caballos. Si las ve posarse sobre alguna rama, puede ver cómo sus patas tienen cierto parecido, aunque yo opino que se parecen más a la forma de un canasto, porque están curvadas hacia dentro.

Éstos son tan sólo los dos nombres más conocidos, pero hay muchísimos más, según la región y el idioma. Algunos de ellos están aún cargados de supersticiones, como «sacaojos», «candiles» o «agujas», aunque a veces llevan nombres que dejan constancia de la imaginación humana, como «mojaculos», «cigarrones» o «avioncitos».

En mi analogía inicial, comparo las libélulas con las poderosas águilas, dada su elevada posición como cazadores, pero también se las puede comparar en su agudeza visual y su capacidad para recorrer grandes distancias. Si alguna vez las ha visto de cerca, lo que más sobresale en sus cabezas son sus ojos. Esos grandes y curvos ojos están compuestos por 30.000 pequeños ojos llamados «facetas», lo que les da una envidiable visión panorámica de casi 360 grados y pueden detectar sus presas a distancias tan lejanas como 20 metros. Considerando su tamaño, podrá hacerse una idea de su agudeza visual, teniendo en cuenta que pueden cazar insectos que no superan los 2 milímetros de tamaño. Ahora se sabe que, como los primates, las libélulas también tienen lo que se denomina «atención selectiva», que más allá de la capacidad de poner atención en algo sin importar las distracciones, deja patente la gran capacidad cerebral que tienen estos insectos.

Cuenta la leyenda que en una ocasión, tras haber creado la Tierra, los dioses decidieron visitarla. Quedaron tan maravillados con lo que veían que comenzaron a luchar entre sí para poseerla. Durante esa lucha infame se lanzaron flechas que, al cruzar los más hermosos lagos, cobraron vida propia y adquirieron forma de libélulas. Entonces, encantadas por la belleza de esos sitios, decidieron no luchar y se quedaron a vivir ahí. Habiendo recibido una lección ejemplar, los dioses, avergonzados por su gran error terrenal, decidieron volver a sus reinos y dejar la Tierra para todos quienes vivían ahí. Desde entonces, las libélulas se convirtieron en los dignos representantes de las más altas y nobles virtudes. Se dice que en sus alas aún se pueden ver los reflejos irisados del cielo, de donde alguna vez provinieron.

Ésta es sólo una historia producto de mi imaginación, pero creo que lleva algo de verdad. Tal vez por eso se detienen de vez en cuando sobre alguna rama, para admirar la incomparable belleza de nuestro planeta Tierra y recordar lo afortunadas que son por volar libremente. Nosotros deberíamos hacer lo mismo, ¿no cree?

15
Los cocodrilos amorosos

«La magia de crear vida es el mayor atributo que un estanque puede llegar a tener», le dijo una libélula a una mariposa. Un gran cocodrilo que descansaba en la orilla la escuchó, y mientras veía cómo la mariposa alzaba el vuelo ignorando sus palabras, le replicó: «La verdadera magia no está en crear la vida, sino en sustentarla».

Una conversación tan profunda entre una libélula y un cocodrilo es cosa de libros de literatura fantástica, o tal vez de algún género más especializado como fantasía científica o filosófica. Pero si se diera el caso en el que ambos animales pudieran hablar y debatir como lo hacemos nosotros, ambos argumentos serían igualmente ciertos desde el punto de vista de cada uno; sin embargo, en mi opinión, la respuesta del cocodrilo tiene una filosofía más profunda, tal vez porque el ambiente donde suele vivir, sorprendentemente inhóspito, le ha dado importantes lecciones.

He decidido dedicar un capítulo entero a un animal que, si bien no es propio de España, cuando lo vemos en algún zoológico tumbado ahí, inmóvil durante horas mientras toma el sol, no podemos evitar pensar que su vida es de lo más aburrida. Pero quienes hemos tenido la oportunidad de convivir con ellos, a veces demasiado cerca, nos damos cuenta de que son unos verdaderos supervivientes de la naturaleza, capaces de demostrar un cariño y una dedicación que no se ven en muchas especies de mayor belleza. Pero a pesar de llevar unas vidas admirablemente ejemplares, se les ha demonizado y despreciado como a pocos. Sí, es verdad que son impulsivos y pueden atacar en un instante, pero eso es consecuencia de su adaptación a los sitios donde viven, en los que deben aprovechar hasta la más mínima oportunidad para comer. Y sin embargo, con ese aspecto rudo, inexpresivo y feroz, evitan, al igual que los osos, la confrontación con los humanos, y prefieren vivir lo más alejados que les sea posible. Muy a su manera, osos y cocodrilos son muy similares.

Mi primer encuentro (aunque no el único) con un cocodrilo americano (*Crocodylus acutus*) en libertad fue al poco tiempo de haberme mudado a Puerto Vallarta, aún siendo estudiante de biología. En esos tiempos era más habitual verlos y había más sitios que ahora en los que podían vivir tranquilamente y sin enfrentamientos con el ser humano. En muchas ocasiones me aventuraba dentro de la selva o en los bordes húmedos de los manglares para fotografiar paisajes y animales. Ese día, en plena temporada de lluvias, perseguía a una hermosa libélula roja en busca de la foto perfecta y estuve siguiéndola a donde fuera que me llevara. Finalmente, y tras una hora de paciente espera, se colocó sobre una rama desnuda de un árbol de mangle, justo en el borde de un canal. La luz era inmejorable y sólo era cuestión de encontrar el ángulo ideal para fotografiarla, aunque eso significara meterme un poco en el agua.

Era un sitio nuevo para mí, por lo que fui confiado, me introduje hasta las rodillas y me dispuse a tomar algunas fotos. Entonces, como aquellas ocasiones en las que sientes que algo te observa, sentí una necesidad inconsciente de echar un vistazo alrededor. No vi nada raro hasta que miré hacia abajo, en el agua. A un metro de mí, con la mitad del cuerpo bajo el agua y la otra mitad sobre la orilla, pude ver la cabeza y las patas delanteras de un cocodrilo mirándome fijamente. ¡Nunca había estado frente a un cocodrilo silvestre! Me asusté tanto por el inesperado encuentro, que salté como pude a tierra para echar a correr, y al ver mis movimientos, el cocodrilo también se lanzó hacia el lado contrario con gran agilidad, desapareciendo en el agua revuelta por el alboroto. Probablemente se había asustado tanto como yo, y menos mal que no era un cocodrilo de grandes dimensiones, pues sólo debía de medir como un metro y medio. Ambos tuvimos suerte: él, de que yo no fuera un cazador, y yo, de que él no fuera lo suficientemente grande para cazarme a mí.

Durante los siguientes dos años fui adquiriendo experiencia en su manejo gracias a que en la universidad había un cocodrilario, y allí participaba en algunas tareas rutinarias para su alimentación y cuidado. De vez en cuando nos adentrábamos en los manglares de la región utilizando pequeñas embarcaciones de aluminio para censar crías, navegando de noche por estrechos canales donde la vegetación lo cubría todo. Entrar en el estero Boca Negra era toda una aventura y tan sólo mencionar su nombre ya creaba un ambiente de misterio: armados únicamente con unas pequeñas linternas de mano y pértigas para su captura, nos internábamos con la ropa más vieja que tuviéramos, dispuestos a desecharla tras embadurnarnos de un pestilente barro negro, y de habernos bañado literalmente con cien mil litros de repelente de mosquitos. A pesar de ese olor insoportable a repelente mezclado con barro, nunca era suficiente defensa contra los jejenes, unos minúsculos, casi invisibles mosquitos cuyas mordeduras dolían tanto que parecían pirañas voladoras.

En esos recorridos nocturnos yo me limitaba a remar en silencio, obedeciendo lo que mi gran maestro Fabio Cupul y los más experimentados compañeros me indicaban. Además de aprender las curiosas técnicas de captura de cocodrilos cegándolos con luz y, a continuación, la maniobra de marcarles las colas, descubrí un extraño fenómeno llamado «lluvia de iguanas»: te caen literalmente encima al lanzarse al vacío desde los árboles donde duermen, asustadas por nuestra inesperada presencia. Recibir en la cabeza iguanas de un metro de largo y más de un kilo de peso, cayendo desde cuatro o seis metros de altura, no era nada divertido ni agradable, pero me limitaba a agacharme un poco y seguía remando. Afortunadamente, las iguanas son superflexibles y resistentes a las caídas, así que al menos me quedo tranquilo de que no se hicieran daño al golpear contra mi cabeza dura.

Cuando llegamos al final de la carrera, dos de mis compañeros se habían especializado en cocodrilos, mientras que yo, por mucho que me gustara fotografiarlos, debo confesar mi rechazo al sentir ese adictivo subidón de adrenalina que llena tu cuerpo cuando saltas sobre uno para inmovilizarlo al más puro estilo del célebre australiano Steve Irwin, a quien, por cierto, se le daba sorprendentemente bien esta técnica con cualquier especie que atrapara. El caso es que a mí no me gustaba y tampoco me hacía ilusión perder un brazo por una mordedura. Además, al haberme involucrado un poco más en sus cuidados, tampoco estuve (y nunca he estado) de acuerdo con las diversas formas de inmovilizarlos ya que, a mi parecer, son excesivas. Tras una acalorada discusión al respecto, decidí no participar más y sólo me dediqué a sacarles fotos.

Sea como fuere, en esos tiempos yo estaba más interesado en los peces de arrecife que en cualquier otra cosa. Recuerdo que pasaba tantas horas sumergido censando peces que mi deseo era que si debía morir, me comiera un tiburón. Luego descubrí las tortugas marinas y las ballenas, y mi deseo de morir cambió: ahora quería que una gran ballena jorobada me cayera encima tras un salto espectacular. ¡Qué cosas! Al final, por ironías del destino, ningún tiburón me atacó, tampoco fue un cocodrilo el que me mordió un brazo, sino una tortuga marina, y sólo por suerte —y por unos pocos metros— me libré de que literalmente una gran ballena me cayera encima. Pero ésas son otras largas historias, así que vuelvo al mundo de los cocodrilos para reconocer que es muy probable que no hubiera escrito este libro de no haber sido por uno de ellos, que me perdonó la vida después de que cometiera uno de mis peores e inocentes errores de cálculo.

Corría el año 2006, para entonces ya estaba entregado

por completo a las tortugas marinas durante el verano, que era cuando salían por decenas, a veces centenares, a depositar sus huevos en la cálida arena de la playa. Era una noche de luna nueva, con una oscuridad que limitaba notablemente la actividad de las tortugas, pues prefieren los cuartos de luna, cuando no hay ni mucha ni poca luz natural. Algunos huéspedes del lujoso hotel donde tenía mi base habían bajado para ver desovar a las tortugas, tal como habían hecho en noches anteriores, pero esta vez no salía ninguna. A un par de kilómetros a pie por la playa había un denso manglar, el mismo donde años atrás solíamos entrar para censar cocodrilos. Ya había cierta confianza con los huéspedes y tenían tanta energía y deseos por aprender que les ofrecí llevarlos a ver cocodrilos y, ya de paso, echar un vistazo por esa zona en busca de alguna tortuga.

No era raro que en plena temporada de lluvias, y con los ríos desbordándose, aparecieran cocodrilos en la playa, así que yo iba siempre al frente. Tras una agradable caminata disfrutando de las hermosas garzas nocturnas que perseguían a los escurridizos cangrejos fantasma, llegamos a un campo de golf, una excepción a la regla de destruirlo todo para diseñar el *green*. Este campo de golf, ubicado justo al lado de la playa, había respetado dos lagos naturales que alguna vez estuvieron conectados con el resto de los manglares y sus dueños evitaban a toda costa tocar en lo más mínimo esas zonas, por lo que, a pesar de su limitado tamaño, tenían una hermosa vegetación nativa y un atractivo natural inusual en el que golfistas, aves marinas, iguanas y cocodrilos compartían el mismo espacio en una extraña armonía. Yo conocía muy bien a los cocodrilos que habitaban ahí, pues algunos medían más de 3 metros y acostumbraban a entrar y salir a la playa cuando querían, manteniendo así el contacto con el resto de los habitantes del gran estero Boca Negra.

Entonces no había ninguna valla que limitara nuestro paso, entramos caminando en el primer lago donde habitaba un gran macho dominante y subimos inmediatamente a un pequeño puente que hacía la función de mirador. Desde ahí podía mostrarles sin riesgo alguno a los cocodrilos de ambos lagos, utilizando una luz extremadamente poderosa con la que se podían apreciar sus ojos brillantes que se movían por la superficie mientras nadaban. ¡Era muy emocionante! Tras un rato esperando, y después de comprobar que no hubiera más cocodrilos en esa zona, bajé del puente y me coloqué junto a la orilla, sabiendo que el cocodrilo estaba en el otro lado. Les estaba dando una explicación sobre su comportamiento cuando cazan, y quise mostrarles cómo el chapoteo de un ave al caer al agua era una tentación que no podían resistir.

Le dejé mi lámpara a uno de los huéspedes para que alumbrara hacia donde estaba nuestro amigo cocodrilo, me puse en cuclillas y comencé a golpear el agua con el bastón que utilizaba para localizar nidos de tortugas, simulando el chapoteo de un ave herida. Inmediatamente después el cocodrilo se lanzó al agua y todos quedaron maravillados por mi capacidad de atraerlo. Estaba confiado en que podría alejarme de ahí antes de que llegara, pues más de 60 metros me separaban de ese gran cocodrilo. No terminé de mirar a mi sorprendida clientela cuando volví la vista hacia el agua dispuesto a levantarme, pero a menos de un metro de mí comenzó a asomar su enorme cabeza mirándome fijamente.

«¡Otra vez no!», pensé. Pero en esta ocasión la cosa era más seria, pues se trataba de un ejemplar adulto. Con un tamaño que superaba los 3 metros y a esa distancia, simplemente no podía echar a correr. Son más rápidos que nosotros, así que mantuve la calma. Tenía que alejarme de ahí sin disparar su instinto cazador, que ya de por sí estaba bien alerta. Sólo escuchaba susurros de mis huéspedes maravillados ante semejante escena, y comencé a incorporarme lentamente, pero que muy lentamente... Sin girarme y ambos frente a frente, mantuve la calma como el que más, separando primero una pierna y luego la otra. Me pareció una eternidad alejarme apenas a un metro de él, que permanecía inmóvil y seguía sin quitarme la vista de encima. En mi mente sólo pasaban una y otra vez esas famosas escenas de cocodrilos atrapando ñus en el Serengueti. Al final pude alejarme lo suficiente para dar media vuelta y volver con mis invitados, quienes seguían pletóricos por la escena, sin ser conscientes siquiera de lo que había sucedido.

El ataque de un cocodrilo es precisamente la faceta que todos imaginamos cuando escuchamos su nombre, pero los encuentros fatales con seres humanos son raros, salvo que se les pongan enfrente, como en mi caso. Y, sin embargo, éste decidió ser prudente y dejó que mis invitados terminaran sus vacaciones con una opinión positiva sobre los cocodrilos. Tal vez sólo estaba observando la escena y ni siquiera se había planteado comerme. Casi un año después, un hombre perdió una pierna en el mismo sitio, tras haber metido los pies en el agua en plena época de reproducción, cuando son más territoriales. Nunca sabremos por qué no me atacó, pero le estoy muy agradecido. Y precisamente como muestra de agradecimiento, quiero hablar de ese lado amable y hasta cariñoso que pueden tener.

Dicen que los cocodrilos no tienen sentimientos, y de ahí surgió la antigua frase «lágrimas de cocodrilo», que hace referencia a la hipocresía de alguien que derrama lágrimas falsas. Aunque el origen de la leyenda se pierde en la historia, Leonardo da Vinci escribió hacia el año 1508 sobre este animal: «Tal hace el hipócrita, que disimula, con el rostro bañado en lágrimas, su corazón de tigre y, mostrando apiadarse, en el fondo de su corazón se regocija de los males ajenos». Con el debido respeto, señor Leonardo: ¡nada más falso! En realidad, al igual que hacen otros animales como las tortugas marinas, sus ojos, o mejor dicho, sus glándulas lagrimales, funcionan como una depuradora, a través de la cual eliminan la sal de sus cuerpos, consecuencia de los sitios en donde viven. Entonces es normal que cuando están en tierra se les vean lagrimitas en sus ojos, cuya alta concentración en sal supone, como ya comentamos en un capítulo anterior, un gran tesoro para las mariposas.

Así pues, una vez descartada la hipocresía de la lista de aspectos negativos, intentaré zanjar de una vez por todas el tema de los sentimientos. En el siglo I, el moralista y filósofo griego Plutarco disertó mucho sobre la moral de los animales en su obra *De sollertia animalium*, sugiriendo que las bestias son racionales (*bruta animalia ratione uti*), y aseguraba que «(...) el cocodrilo es capaz de domesticarse: conoce la voz de su amo, déjase tocar sin hacer daño alguno, y abriendo la boca presenta sus dientes para que se los limpien». Aristóteles también decía algo similar, y aseguraba que sólo bastaba darles comida en abundancia. Además, en su defensa agregó: «(...) no son dañosos más que cuando se hallan acosados de la necesidad».

Tal vez el caso más curioso que respalda la idea de que los colmilludos reptiles también tienen su corazoncito ocurrió durante más de veinte años en Costa Rica. Hubo un hombre que se hizo famoso por su relación de amistad con un cocodrilo de 4 metros; una relación ampliamente documentada, por cierto. Tras haberlo rescatado y curado a finales de los años noventa, el cocodrilo mantuvo una relación extrañamente respetuosa, amable y cariñosa con su cuidador: se dejaba abrazar, cargar, rascar la barriga y meter la mano y la cabeza dentro de su boca, hasta que murió por causas naturales. Luego surgió un caso extraño en Nicaragua, en el que a un cocodrilo se le diagnosticó un cuadro severo de depresión tras sufrir años de maltratos. Cualquier persona que haya convivido de cerca con estos animales le podrá asegurar que, aunque no sonrían, tienen emociones. Cuando una persona no quiere sonreír, a veces no es porque no esté feliz, sino porque no quiere enseñar sus dientes. Pero si los cocodrilos siempre están enseñando sus dientes, entonces ¿estarán sonriendo continuamente?

Es comprensible que, salvo algunos filósofos adelantados a su época, tiempo atrás no se creyera posible que un animal cualquiera, y más tratándose de un inexpresivo cocodrilo, tuviera la capacidad de sentir algo. ¡Pero no ahora! Antes, por ejemplo, cuando la gente veía a los cocodrilos cavar dentro de los nidos y recoger a sus crías recién salidas del huevo, se pensaba que eran unos monstruos caníbales. Luego se comprobó que son las madres que acuden a la llamada que hacen desde el cálido interior para que las saquen. Entonces, tras cavar con gran cuidado y suavidad, las van recogiendo con ternura una a una y las van llevando a una guardería en el agua, donde pueden comenzar a comer pequeños insectos y crustáceos bajo su protectora mirada. Si alguno de sus hijos se siente en peligro o es capturado por algún depredador, comienza a emitir esos gemidos tan característicos y su madre aparecerá en su defensa inmediatamente, al más puro estilo de una madre coraje.

En una ocasión hubo un científico que, ante el escepticismo de algunos, decidió hacer un experimento. Enterró bajo tierra unos altavoces y reprodujo la grabación de unas crías eclosionando en el nido. Inmediatamente, una hembra se acercó al sitio y comenzó a cavar para intentar ayudarlas a salir. A continuación, el científico se subió a una pequeña lancha, se metió en el agua y comenzó a transmitir por altavoces la llamada de auxilio de las crías. Como había sucedido antes, llegó otra hembra igual de rápido y no dudó en embestir la embarcación. El hombre tuvo que apagar sus altavoces y en cuestión de instantes la hembra dejó de atacar. Era una irrefutable evidencia que confirmaba la respuesta positiva de una madre a la llamada de sus hijos. No la culpo, pues sólo el 1 % de las crías de cocodrilo llegan vivas a su primer año de vida, pues debido a su pequeño tamaño tienen infinidad de depredadores.

La naturaleza ha sido sabia al elegir el tipo de sonido que emiten esas pequeñas y perfectas réplicas de un cocodrilo adulto: es muy fuerte y hasta cierto punto molesto, pues fue creado con el propósito de conseguir la atención inmediata de su madre. En cierta forma, aunque no guardan ninguna similitud, su efecto se parece mucho al que provoca un gatito con pocos días de vida cuando está llorando si se siente solo, con hambre o con frío; con tal de que se quede callado hacemos lo que haga falta, ¡incluso meterlo debajo de nuestra camisa! Tal vez lo más sorprendente en la comunicación de los cocodrilos es que no se limita a las crías, pues su madre también puede llamarlas y ellas acuden, además de otras formas de comunicación de baja frecuencia, así como resoplos, gruñidos, siseos y señales visuales a través de posturas amenazantes o incluso de seducción.

Claro, ¡los cocodrilos también necesitan seducir a sus amadas colmilludas! Las cortejan con paciencia, siempre y cuando no haya otro macho alrededor, porque entonces se olvidarán de ellas y comenzarán a luchar encarnizadamente, sin importar que el contrincante termine malherido o muerto. Les ronronean y se frotan suavemente, aunque en el último momento son un poco brutos. Resulta curioso que las hembras en muchas ocasiones cavan guaridas o cuevas bajo el agua y, cuando sube la marea, el aire queda atrapado ahí y pueden descansar tranquilamente sin que nadie las moleste, o a veces incluso invitan a su galante colmilludo. Se sabe que algunas hembras vuelven a aparearse con los mismos machos de otras temporadas, pero nadie ha hablado de monogamia. Como pueden serle fieles a uno, pueden serlo a otros más, pues al final todos pueden ser los felices padres de algunos de sus descendientes, aunque eso de la maternidad se lo dejan a ellas.

Los cocodrilos son capaces de cavar y remover grandes cantidades de tierra gracias a sus enormes patas, además de su poderosa cola. Eso, unido a su oculta belleza, hace que sean probablemente lo mejor que pudo haberles pasado a los hábitats acuáticos. Como son animales muy grandes y pesados, en aquellos lugares donde viven siempre podrá correr el agua, porque con su trasiego crean y mantienen libres de obstáculos muchos canales de comunicación que mejoran la calidad de su hábitat y permiten que haya más invertebrados y peces. «¡Gracias, cocodrilos!», les dijo la garza mientras se zampaba un enorme pez. Pero ningún cocodrilo le contestó, porque se dice que no tienen lengua. Bueno, al menos eso pensaba Plutarco cuando dijo: «(...) sin hablar, en silencio, imprimen en nuestros corazones las leyes de la equidad y de la sabiduría». Con el debido respeto, señor Plutarco: ¡magnífica observación! Aunque en realidad sí tienen lengua. Creo que sencillamente tienen cuidado de cómo utilizarla, y para no decir palabrotas ni ofender a nadie, la llevan pegada en el fondo de su boca.

Es curioso el significado de su nombre: «cocodrilo» deriva de la palabra griega *krokódeilos*, que está compuesta por dos palabras: «guijarro» y «gusano»; es decir, algo así como «gusano de las piedras» o «gusano de piedra». No deja de sorprenderme lo observadora y curiosa que era la gente en la Antigüedad. ¿Qué nos ha pasado? Ahora ya casi nadie se toma el tiempo de mirar hacia el cielo, y mucho menos busca nubes con forma de cocodrilo o de elefante. ¡Con lo divertido que es echar a volar la imaginación!

Quiero terminar el capítulo contándole mi último encuentro cercano con un cocodrilo, pues, como se suele decir, la tercera es la vencida y algo debí de aprender de mis dos encuentros anteriores... ¿o no? Poco tiempo antes de volver a España, tuvimos la suerte de vivir en un sitio idílico al lado de la selva y junto a una hermosa y enorme laguna de agua salada llamada El Quelele donde anidaba una gran cantidad de aves hermosas. Nuestra casa tenía dos plantas y desde arriba podíamos ver las copas de los árboles y se dominaba todo el verde paisaje. Tras habernos mudado, descubrimos que además de un montón de geckos, en el techo, colgando de unas enormes vigas, también vivían unos hermosos, minúsculos y divertidos murciélagos que no daban problemas sino alegrías. Desde una de las ventanas podíamos ver y escuchar a un pequeño mochuelo (al que allí llaman tecolote enano), y por las noches la casa quedaba cubierta por una nube de millones de mosquitos piraña esperando a que saliéramos, pero podíamos ver, desde la seguridad de una mosquitera, a las luciérnagas brillando de un lugar a otro, como si bailaran al ritmo del coro de grillos y cigarras. Estando fuera de casa nos encontrábamos infinidad de animales, desde ranas arborícolas hasta alacranes y, por supuesto, cocodrilos. Por eso, cuando llegamos ahí, nos vimos en la necesidad de colocar una improvisada pero efectiva valla para evitar que nuestros perros, nuestra anciana gata y su inseparable amiga la coneja se fueran de excursión.

Durante los años ochenta ese sitio fue muy famoso para los observadores de aves de Norteamérica y era una parada obligatoria. Ahora, salvo algún extranjero que aún se aventura a entrar conociendo la ruta, ha quedado en el olvido y da un poquito de miedo andar solo por ahí, pues es donde habitan los últimos viejos y más grandes ejemplares de cocodrilo. Pero yo me había hecho el firme propósito de lograr fotografiar a uno de «los grandes», famoso por su mal carácter y su impresionante tamaño, pues medía poco más de 3,5 metros, y en cada ocasión que tenía, me iba a recorrer las orillas de la laguna, a ver si lo encontraba. En mis caminatas iba armado sólo con mi cámara, un teleobjetivo de 400 milímetros, mi móvil y una linterna. A pesar del calor, debía ir totalmente cubierto y bañado en repelente para resistir el incansable ataque de los jejenes, esos mosquitos piraña que se están haciendo famosos en este capítulo. Pero en cada ocasión que lo busqué era como un fantasma que, a pesar de su impresionante tamaño, sólo dejaba sus huellas como evidencia de su presencia. Encontraba a otros, igualmente hermosos, pero no era él. Una tarde tranquila, aproveché que Mar no estaba en casa y me fui a caminar justo antes del atardecer. Marchaba tranquilo porque así ella no estaría preocupada por mí y no estaría vigilando mis pasos con binoculares desde la casa, ansiosa por mi seguridad y porque ya me había perdido alguna vez en medio de la selva. Al fin y al cabo, pensé, llevaba conmigo el móvil ante cualquier imprevisto.

Decidí parar primero en una pequeña laguna que está oculta por la espesa vegetación, pero me encantaba pasarme por ahí porque veía muchas libélulas e iguanas. Y para mi sorpresa, ahí estaba el cocodrilo, al otro lado, dándome la espalda mientras descansaba en la orilla. Bingo, ¡justo cuando la luz comenzaba a enrojecer! Me di prisa en rodear la lagunita para poder fotografiarlo de frente, aunque me coloqué bastante lejos para no molestarlo. Le saqué un par de fotos desde la distancia y comencé a acercarme. Desconfiado, se echó al agua en un rápido salto, lo que hizo subir mi adrenalina a tope, a pesar de que mantenía una distancia bastante prudente de él. Estando ya en el agua y a la vista, decidí acercarme a la orilla y tomarle fotos nadando. Se puso a dar vueltas, levantando la cabeza y sacando la cola del agua en una evidente postura amenazante. ¡Era enorme! Siguió alardeando y se fue acercando lentamente, hasta quedarse inmóvil, justo en el medio. Yo estaba de pie en la orilla y no dejaba de mirar de reojo para asegurarme de que nadie más estuviera acechándome. Estábamos solos, frente a frente, cara a cara. Tras mirarme fijamente, hundió su cola y desapareció. Entonces eché a correr, rompiendo todo el glamour fotográfico que había conseguido hasta ese momento.

Corrí como un loco sin siquiera mirar atrás, pues mis

dos encuentros anteriores me habían enseñado una lección, su lenguaje no verbal había sido muy claro y no había duda de que me atacaría. ¡Mensaje recibido, señor cocodrilo, oh gran rey de los humedales! ¡Nunca más le molestaré! Y así fue.

16
Las fantásticas luciérnagas

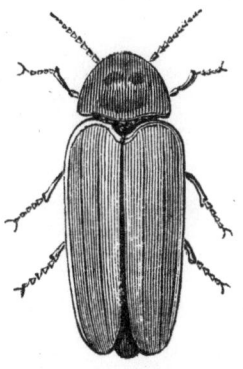

—Las luciérnagas son escarabajos con alma de estrella.

—No, ¡las luciérnagas son estrellas que cayeron del cielo!

—¿Y sobrevivieron?

—¡Claro! ¡Por eso siguen brillando, bobo!

Éstas eran las típicas conversaciones que teníamos antes de dormir; cuando mi padre apagaba las luces del campamento y mientras la oscuridad total nos abrazaba, mis hermanas y yo discutíamos sobre el origen de las luciérnagas. Bueno, no era una oscuridad total, porque ellas nos hacían compañía con sus extraños y seductores códigos morse de color verde-amarillo. Era la excusa perfecta para que mis padres pudieran hacernos dormir temprano tras otro agotador día de vacaciones cuidando a sus cinco hijos en medio de la nada urbana y del todo naturaleza.

Era increíble cómo nos cundía el tiempo. En cuanto salía el sol ya estábamos despiertos y dando la lata, ansiosos de que nos dejaran salir de nuestra gigantesca tienda de campaña, donde cientos de jejenes nos esperaban hambrientos. A mí me encantaba desaparecer en busca de bichitos, aunque mis padres no me dejaban ir muy lejos porque había animales venenosos como alacranes y serpientes, pero no me importaba. Lo peor que me había sucedido era tragarme una avispa y que un cangrejo ermitaño, el más grande que haya visto jamás, se prendiera de la palma de mi mano con su gran tenaza por no dejarlo marchar. No parábamos: a ratos jugando, a ratos explorando y a ratos nadando. Cuando menos lo pensábamos, el sol ya se acercaba al horizonte y mis padres nos hacían regresar al campamento.

Tras la puesta de sol, y tras obligarme a tomar una ducha de agua que previamente nos calentaban, nos daban de cenar. Nos colocábamos todos alrededor de esa mesa plegable un poco oxidada y nos sentábamos en esas pequeñas sillas sobre las que años después se sentaría también nuestro célebre y admirado amigo, el rey de los boleros. La noche nos abrazaba y la única luz que se encendía era la que provenía de una extraña lámpara de gas que sólo mi padre podía manipular. Encenderla era todo un ritual y siempre deseé poder hacerlo. Se trataba de una bombilla de tela, extraordinariamente frágil, que, conectada a un cilindro de gas y protegida por una delgada esfera de vidrio, generaba una luz tan intensa que mi padre la debía regular disminuyendo la salida del gas.

A veces, mientras cenábamos, una luciérnaga atraída por la luz del campamento se posaba sobre nuestros cuerpos, destellando y caminando por nuestras manos. Luego las discusiones comenzaban:

—¿Ves, hijo, cómo brillan?

—Se dice «destellan» —le corrigió mi hermana Mahely.

—¿No será «centellear»? —agregó mi hermana Adalhí.

—¡Entonces sería «titilar»! ¿No habías dicho que son estrellas? —repuso mi hermano mayor Manu, que siempre nos molestaba.

—Sí —dijo Adalhí con la voz entrecortada, pues gracias a su malintencionada intervención, toda su emoción del momento se había ido al suelo, junto con las hormigas.

—¡Manuel, déjala en paz!

Dicho esto, la luciérnaga voló y la paz reinó de nuevo en el campamento familiar.

Creo que una de las grandes diferencias entre las nuevas generaciones y las anteriores como la mía es que, de niños, todos tenemos algún recuerdo con luciérnagas. Vagos recuerdos que van pululando en nuestras mentes de adulto y que nos hacen sonreír. Antes la oscuridad era más común, incluso en nuestros jardines, por lo que, además de que era más fácil estar en contacto con la naturaleza, nuestros encuentros con luciérnagas eran más frecuentes.

Yo no lo sabía, pero en realidad esos bichitos de luz que veía desde niño no eran los mismos, y ni siquiera estaban emparentados unos con otros. No podía ser de otra manera, sabiendo que alrededor del mundo existen más de 2.000 especies distintas. Recuerdo, por ejemplo, que cuando acampábamos en los bosques y las montañas, veíamos multitud de pequeños y flacuchos escarabajos volando, que mantenían sus lucecitas encendidas más tiempo, lo cual podría traducirse en código morse como un «largo, pausa, largo, pausa, largo» mientras iban volando por ahí a una altura en la que casi siempre los podíamos alcanzar con alguna red. Las conocíamos a todas ellas como luciérnagas, tal vez gracias a esos fabulosos dibujos animados de *La abeja Maya* que pasaban por televisión y con los que aprendíamos un montón de cosas chulas sobre los insectos.

En cambio, cuando viajábamos a lugares con un clima más tropical o a las zonas costeras recuerdo que tenían otro aspecto: eran unos escarabajos más grandes y robustos, como de unos 3 centímetros de largo, y preferían posarse en alguna ramita desde donde comenzaban a caminar. Mientras lo hacían, llevaban todo el tiempo encendidas dos lucecitas en su tórax, justo detrás de su cabeza y ubicadas una a cada lado, con lo que podían verse desde cualquier sitio, porque a su vez iban emitiendo unos pulsos cortos de luz verde desde abajo, en el centro de su barriga. Estas emisiones de luz eran más repetitivas, como un código morse «corto, pausa, corto, pausa, corto» y comenzaban de nuevo. En fin, era demasiada información para un niño que se concentraba más en querer capturarlas que en medir la duración de sus destellos.

Como suele pasarnos, de niño no me preocupaba por saber qué tipo de animales eran. Años después, en la universidad, durante nuestra primera incursión de prácticas en la selva hecha de día, pude ver cómo nuestro maestro y reputado entomólogo capturaba con una enorme red uno de esos grandes escarabajos que recordaba desde mi niñez. Lo cogió cuidadosamente con los dedos y nos lo mostró. Como el bicho no podía liberarse, comenzó a contonearse y a hacer un fortísimo sonido: «clic, clic, clic», como cuando nos cortamos las uñas de los dedos de los pies, o como cuando en Navidad asamos unas ricas castañas. Luego nos dijo que observáramos atentamente; lo puso boca arriba sobre la palma de su mano y, tras un breve instante, arqueó su cuerpo como si fuera un arco tensándose antes de lanzar una flecha, y a continuación emitió otro «clic» que le hizo desaparecer en el aire. Después nos explicó que aunque hay quien los llama «insecto clic»; esos escarabajos son los famosos «cocuyos» que me cautivaron durante mi infancia.

Aunque no están emparentados con las luciérnagas, me siento en la obligación de mencionarlos, pues, además de producir el mismo asombro al verlos, se dice también que son los insectos más luminosos del planeta. Como son habitantes exclusivos del continente americano, fueron los primeros exploradores españoles quienes documentaron su presencia y sus usos prácticos en la vida diaria de los indígenas mesoamericanos; varios cronistas mencionan que los capturaban de noche, los metían en unas pequeñas jaulas de madera y los utilizaban como lámparas para alumbrar su camino, asegurando además, que ellos mismos los llegaron a utilizar para alumbrarse mientras escribían sus relatos.

Nunca falta quien dice algo malo de algún animal, y aunque nuestras amigas las luciérnagas y los cocuyos estuvieron muy cerca de lograrlo, tampoco se libraron de esa mala fama: se dice que los cocuyos son insectos de mal agüero porque «llevan los ojos encendidos de fuego» y da mala suerte que entren en tu casa. Tal vez lo más macabro de las antiguas creencias del Viejo Mundo es que las luciérnagas formaron parte de una antigua receta para realizar magia negra; específicamente, para hacer que un hombre fuera impotente. Decía la receta: «Tómese en verano una luciérnaga, aplástese en la mano y friéguese con ella la nuca del que se quiera que sea impotente haciéndolo con voluntad muy fervorosa». ¡Ay, qué miedito da eso!

Pero volvamos al mundo fantástico al que nos transportan estos bichos de luz. Piense un segundo, mi estimado lector: ¿en qué ser mágico de nuestra infancia está reflejada la luciérnaga? Lo primero que le vino a la mente a Mar, mi mujer, fueron los «gusy luz», unos muñecos cuyas cabezas se iluminaban y eran muy populares entre los niños, a los que llamaron también «mi luciérnaga particular» como eslogan pegadizo. A mí, en cambio, lo primero que me viene a la cabeza son las hadas, a pesar de que la figura de un hada tiene más parecido a las efímeras o cachipollas, unos pequeños y hermosos insectos que, tras pasar toda su vida larvaria bajo el agua, emergen de los lagos como adultos para pasar una única noche loca antes de morir de agotamiento. Si no las ha visto de cerca, le animo a hacerlo, pues, además de volar con gran suavidad, del final de su cuerpo cuelgan dos delgadas cerdas que les hacen parecer, para la imaginación de muchos, una minúscula personita con un delicado vestido. Vamos, ¡un hada!

Debo reconocer que en mi locura imaginativa estoy un poco obsesionado con relacionar hadas y luciérnagas como un mismo ser, aunque no tengan ni el más mínimo parecido. No puedo evitar imaginarme a Campanilla dentro de ese tarro de cristal y a Peter Pan agitándola con fuerza para que se ilumine, tal como hacíamos de niños, que un rato después solíamos olvidarlas y si no las liberaban nuestros padres, morían asfixiadas. Menos mal que Campanilla no murió por asfixia, eso sí habría sido una verdadera tragedia para todos los niños del mundo que veíamos fascinados la película de dibujos animados una y otra vez.

Me maravillan estos insectos por su luz, esa fantástica y envidiable capacidad que tienen de producirla como por arte de magia, lo que les ha dado el mote de «insectos alquimistas». En general, su luz suele ser de color amarillo verdoso, aunque hay especies que producen otros tonos como el naranja rojizo y un brillante azul clarito. Eso es en las especies conocidas, pero estoy seguro de que algún día se descubrirán otras especies que brillan con colores distintos. Recuerdo que mientras vivíamos en la selva, desde una de las ventanas de la planta alta de casa podía ver las copas de los árboles, y por las mañanas, justo después del amanecer, aparecía una intensa luz blanca que se encendía y se apagaba en el mismo árbol. Era como si alguien estuviera haciendo señales con un espejo, aunque en este caso sería un espejo en miniatura llevado por algún ser misterioso. ¡Qué rabia no poder ser un insecto para volar y subir a inspeccionar lo que producía esa inexplicable luz! Siempre me quedará la duda de si lo que vi fue una luciérnaga aún desconocida para la ciencia.

Para entender cómo producen su luz, imaginemos que tenemos en la mano una vela, a la que llamaremos «luciferasa». En la otra mano tenemos un mechero, también llamado «luciferina», y está la mecha de la vela, que llamaremos «ATP» (una molécula utilizada para proporcionar energía en las reacciones químicas). Sólo nos falta un componente, que es el oxígeno del aire, y ¡listo!, ya tenemos una réplica casera de la luz de una luciérnaga. Mucho se cuenta sobre su ejemplar eficiencia energética, la base científica para la creación de las bombillas LED. Se dice que su luz es 100 % libre de emisiones, pero, oh sorpresa, ¡no es verdad! Al igual que nuestra vela ejemplar, y también como ocurre con nuestra propia respiración, estas admiradas luciérnagas también emiten dióxido de carbono cuando encienden su atractiva luz. Pero para la tranquilidad de todos los que estamos preocupados por la degradación de la capa de ozono, debo aclarar que sus emisiones no son suficientemente significativas para que contribuyan al cambio climático. ¡Bien!, nuestras luciérnagas aún conservan el sello ECO y podrán visitar el centro de Madrid cuando mejor les plazca, sin restricción alguna.

Las luciérnagas, muy a mi pesar, no son las que han inventado la luz, pues hay muchos otros animales más antiguos pero igual de misteriosos que descubrieron primero las ventajas de llevar consigo su propio sol, su propia luna y sentirse como una estrella de verdad; basta con saber que alrededor del 50 % de las criaturas que viven en las oscuras profundidades de nuestros océanos emiten algún tipo de luz. Ya sea para atraer a sus presas, para defenderse o para encontrar pareja; algunos brillan por completo, mientras que otros han preferido llevarla en alguna parte de sus cuerpos, eligiendo sitios tan extraños como sus cabezas, sus bocas o, como en el caso de nuestras amigas bioluminiscentes, justo al final de su abdomen. ¿No podían haber encontrado un sitio más romántico para colocar su lamparita? Bueno, esa pregunta me la responderé yo mismo: ya que la utilizan básicamente para aparearse, en realidad está en el mejor sitio en el que podía estar, probablemente para que en medio de la oscuridad y el frenesí reproductivo no haya ninguna equivocación. A fin de cuentas, eso es lo que es: ¡una seductora lucecita!

Es curioso cómo lo que en un principio fue diseñado con un propósito concreto, con el paso del tiempo termina siendo utilizado para otra cosa totalmente distinta; por ejemplo, cuando, a falta de un cascanueces, utilizamos una botella de vino para romper las duras cáscaras de este fruto seco. En la naturaleza, la producción de luz comenzó a generarse en su fase larvaria como una forma de advertir a los depredadores que no intentasen comérselas ya que sus cuerpos contienen lucibufagina, una sustancia que les da un sabor tremendamente desagradable. Luego esa capacidad pasó también a los adultos, y en algún momento de la evolución descubrieron que esa luz les resultaba también útil para encontrarse y reproducirse. Pero como suele ocurrir, las cosas no son siempre tan sencillas como parece, y siempre están los que lo complican todo. La mayoría de las especies de luciérnagas tienen, por así decirlo, un defecto de fabricación, ya que cuando son adultos, tanto machos como hembras no comen nada y viven exclusivamente de las reservas de energía que lograron acumular cuando eran unas voraces larvas.

Entonces viene el primer problema: sus reservas deben ser suficientes para sobrevivir durante ese par de semanas que les queda de vida; tiempo que dedican exclusivamente a buscar pareja y a reproducirse, pero algunas especies de hembras dedican tanto tiempo y gastan tanta energía que cuando necesitan producir sus huevos ya se les han agotado las fuerzas. Entonces, para compensarlo, los machos se solidarizan con ellas y las ayudan haciendo lo mismo que hacen las mariposas macho: durante el apareamiento, además de su esperma, les transfieren un paquete adicional que contiene los nutrientes necesarios para que puedan producir huevos saludables.

El segundo problema es la adicción que tienen los machos por la luz, algo que no vieron venir hasta que los humanos comenzamos a iluminar nuestros caminos y hogares por las noches. Entonces, en la sociedad «lampirícola» comenzó a surgir un problema de carácter social que encendió las luces rojas en las más altas esferas: «¡Los machos se han hecho fotoadictos!», «¡Las hembras se nos quedan sin pareja!», «¡Esto es un evidente problema de desintegración familiar!». Con estas frases me imagino a los grandes y sabios lampíridos reunidos y debatiendo en una sesión extraordinaria sobre las medidas urgentes que se deben tomar para atajar el problema de raíz.

De ahí surge nuestro tercer y último problema: ¡hay que hacerse notar!, sobre todo ahora que hay tanta contaminación lumínica que hace que sus luces se vean opacadas por las grandes farolas que evitan que se encuentren unos a otros. Ahora que la luz va ganando terreno en el mundo, se lleva consigo, como el flautista de Hamelin, a todos los insectos que incontroladamente se sienten atraídos por ella. Según el zoólogo británico Jules Howard, las luciérnagas macho se están sintiendo más atraídos por las luces artificiales que por sus congéneres, malgastando su escasa energía cortejando a esa enorme, brillante y cálida luz que los hace vibrar más que una de su propia especie. ¡Vaya situación!

Pero como se suele decir, mientras hay vida hay esperanza, y es la luciérnaga mediterránea la que viene a darnos una gran lección: a nuestra luciérnaga más común de España (*Nyctophila reichii*) se la llama también «gusano de luz». Eso es porque la hembra adulta tiene la apariencia de un gusano con patas, conservando las mismas características de su etapa de larva, algo que en términos científicos se llama neotenia o paedomorfismo.

Nuestra querida luciérnaga encontró la fórmula para no derrochar energía buscando pareja: ¡atrayéndola! Así que trepa con valentía ramas, rocas y muros para luego quedarse inmóvil. Curvan su abdomen para exhibir hacia el cielo su atractiva luz, la mantiene encendida continuamente hasta dos horas, a la espera de que llegue algún macho que, dotado de unos grandes ojos, la puede localizar durante sus vuelos erráticos en busca de su media naranja.

Ahora también se está documentando que no sólo la luciérnaga mediterránea, sino también otras especies ibéricas similares, están colocándose debajo o muy cerca de las farolas en espera de que algún despistado macho caiga al suelo y las vea; una estrategia lógica y que denota una sorprendente capacidad de adaptación. Sin duda, aunque desplazarse hacia una farola les representa gastar una energía que antes no necesitaban utilizar, las hembras deben considerarla una «inversión», pues en zonas iluminadas tendrán más probabilidades de que un macho las encuentre. ¡Sorpren-den-te!

¡Y de nuevo llega la dichosa evolución, que no nos deja ni un minuto en paz! En uno de esos giros inesperados de esta emocionante historia, encendió la bombilla de alguna especie para dar un nuevo salto evolutivo y poder sacar provecho de las señales luminosas que las hembras de otras especies mandan a sus propios machos para atraerlos. De alguna manera que nadie puede explicar, una estafadora que habita en los bosques norteamericanos logró copiar íntegra y perfectamente el mensaje de luz de al menos cinco especies distintas, aunque más allá de querer aparearse con ellas, lo hace con un propósito mucho más oscuro. Parece que nuestra mimética protagonista llamada *Photuris versicolor* se pasó al lado oscuro, pues en su etapa adulta practica el canibalismo, dejando de sus pobres víctimas tan sólo el cascarón. No por nada la han llamado la «luciérnaga vampiro». Pero como soy su férreo defensor, tal vez cegado por su magnética luz, tengo que justificarlas, pues lo hacen para obtener esas toxinas de las que carecen para defenderse y que necesitan inyectar urgentemente en sus huevos para protegerlos.

Curioso giro del destino, ¿no cree? Pues esa luz que antiguamente les permitió evitar que sus depredadores se las comieran, es la misma que ahora las ciega de amor y las hace caer en las fauces de un caníbal de su misma familia que las superó en inteligencia. Todo en aras de su propia supervivencia.

Al hablar de luciérnagas hay que entender que sus luces, más allá de ser simples señales visuales, son verdaderos sistemas de comunicación, algo así como una canción pero con luz. Para ello intentaré comparar a nuestras luciérnagas con las ballenas jorobadas, unos animales que además de ser mil veces más grandes, no guardan ningún parecido. A diferencia de las luciérnagas, nuestras ballenas no necesitan tener una luz en su cola para hacerse notar en la inmensidad del mar, pues han desarrollado la capacidad de cantar. Sí, las ballenas cantan muy bien, y a su manera las luciérnagas lo hacen también.

Mientras que las ballenas han desarrollado una asombrosa sensibilidad acústica para localizarse en medio de la nada, las luciérnagas macho han adaptado sus ojos haciéndolos espectacularmente grandes y sensibles para poder detectar en la distancia el más mínimo destello de sus congéneres. Si las observamos con cuidado mientras vuelan, veremos que sus ojos están orientados hacia delante y hacia abajo para poderse buscar durante el vuelo. Cada una tiene su forma de localizarse, pero tanto ballenas como luciérnagas coinciden en la época en que se comunican más, que es precisamente durante el período de reproducción.

En las canciones de las ballenas jorobadas, conocidas también como «vocalizaciones», hay una estructura sólida en la que es posible reconocer notas, frases y estrofas que se pueden repetir rítmicamente. Si hacemos una analogía entre ambos casos, podremos descubrir que también en las luciérnagas encontramos la estructura de una verdadera canción, a la que llamaré «canción de luz». Se distinguen el «brillo», que es la emisión de luz y equivaldría a la voz o al sonido; luego está el «destello», que es el tiempo que dura ese brillo, algo así como si el sonido es corto o largo; le sigue un «intervalo» de tiempo, que sería el equivalente a la pausa que se hace en la emisión del sonido y que puede igualmente ser corto o largo; después, al juntar los brillos con los destellos y combinándolos con esos intervalos de tiempo, se forma el «patrón», que equivale a una estrofa o estribillo; no olvidemos también los movimientos que hacen al volar, lo que le daría el equivalente a la acentuación. Finalmente, ese patrón puede repetirse varias veces formando una canción completa. Como puede ver, con un poquito de imaginación, ¡no es tan difícil comprender su lenguaje secreto!

Por supuesto que cada especie de luciérnaga tiene un patrón único y propio, algo así como el sello distintivo de su especie, y también ocurre lo mismo con nuestras amigas las ballenas jorobadas. Durante la temporada de reproducción, todas las ballenas de una misma población, digamos, por ejemplo, las del Pacífico norte, cantan básicamente la misma canción sin importar que hayan migrado a Hawái o a las costas de México. En el caso de nuestras amigas luciérnagas, todos los participantes emiten las mismas canciones de luz, siempre y cuando estemos hablando de la misma especie. Pero si todos utilizan la misma canción, ¿qué es lo que hace que las hembras puedan elegir al mejor candidato? Son esos pequeños matices o «toques personales» los que hacen que una hembra se interese más en uno u otro macho, llámese ballena o luciérnaga. Tiene sentido, pues no es lo mismo escuchar la voz de Plácido Domingo que la voz de un cantante de reggaetón: lo que para unas puede resultar más atractivo, para otras puede ser desagradable.

Hablando de gustos particulares a la hora de elegir a su pareja, como descubrimos con las tijeretas, también hay algunas luciérnagas a las que el tamaño sí importa, pues algunas especies que habitan en Norteamérica se decantan por elegir a aquellos machos con el destello más largo, cuando los ven quedan, por así decirlo, deslumbradas por su belleza. Sin embargo, hay algo que las canciones de luz siempre conservan, y es la sencillez. Tal vez, en el mundo de las luciérnagas sus canciones no sean obras maestras, pero han logrado crear el hit del verano con los destellos más pegadizos y machacones. Si no me cree, traslademos el caso a un ejemplo de nuestra vida diaria, basta con pensar en la letra pegajosa de alguna canción que, aunque es monótona, corta y repetitiva, la llevamos en la mente durante días hasta que se nos pega otra peor, y aunque pasen los años las seguimos recordando (y aborreciendo). Perdóneme si por mi culpa se pasa dos días cantando el estribillo, pero a mí me vienen a la cabeza «La Macarena» y «Despacito». ¿Se le ocurre un mejor ejemplo?

Como no tengo ninguna intención de dejarle con esas canciones en su mente, le recitaré una frase más romántica sobre las luciérnagas, que nos recuerda que, a pesar de su insignificante tamaño, tienen la enorme capacidad de hacer que conectemos con toda la magia que existe en la naturaleza y en el mundo entero. Dijo el poeta y ensayista mexicano Luis Vicente de Aguinaga:

No es la gran cosa una luciérnaga encendida.
Y en ello, en la negación de la grandeza,
encontramos su encanto.

Tras leerla, mi vena filosófica surge de la oscuridad, e intentando apropiarse de mi mano me hace escribir mi propia reflexión: a las luciérnagas se las ha utilizado ampliamente en metáforas que las ligan con conceptos como el bien, como la esperanza y los pensamientos positivos. Son como esa luz que surge al final de un oscuro túnel. «Nigrantes territat umbras», se decía en latín por su don de espantar a las negras sombras, refiriéndose a los malos espíritus. Hay quienes piensan que las sombras siguen siempre a la luz, algo así como que el mal siempre se siente atraído por el bien e intenta corromperlo. En cambio, los más positivos pensamos que las luciérnagas son la luz que ilumina el mundo de las sombras, y que están en la Tierra para recordárnoslo.

En ese ejercicio de reflexión y gran profundidad analítica, he llegado a la conclusión de que no es ni lo uno ni lo otro, sino todo lo contrario, lo que pone en evidencia las razones por las que no estudié filosofía, por lo que me limitaré a repetir lo que alguna vez escuché decir: «Las luciérnagas no hacen sombra, pues son todo magia y fantasía».

17

La acacia y su séquito de hormigas

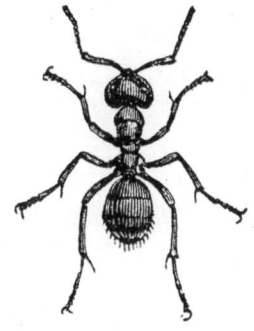

—¡Arrieros somos y en el camino nos encontraremos!
—gritaba una pequeña hormiga desesperada a un hombre
que, incapaz de escucharla, seguía colocando veneno en la
entrada de su galería, cegado de rabia por la molesta presencia de esos negros invasores rastreros.

—¡Insaciables animales! Invaden nuestros campos, nuestros pueblos, nuestras ciudades, y han entrado en lo más sagrado que los seres humanos podemos tener: nuestro hogar. Sólo causan caos y destrucción: nos roban nuestros
cereales, se comen nuestros alimentos, destruyen nuestras
plantas y hacen hoyos en nuestros preciados jardines. ¿Quién
se creen que son?

Y mientras nuestro enfadado hombre formulaba esos
radicales pensamientos antropocéntricos, un ejército de
cientos de hormigas comenzaba a escalar por sus zapatos,
penetraba bajo sus pantalones y escalaba sus mullidos y
apestosos calcetines. En una misión kamikaze, entregan-
do sin titubear sus vidas por el bien de la colonia, decenas,
cientos de hormigas comenzaron a morderle, enganchán-
dose en cada pelo, cada arruga de su piel y cada hebra de
tela que encontraban a su paso. ¡Lo importante era dete-
nerlo sin importar cómo! Comenzó a sentir sus mordedu-

ras y, asustado, soltó la bolsa de polvo «antihormigas» y echó a correr dándose manotazos y golpeando el suelo fuertemente con sus zapatazos, intentando sin éxito arrancarlas de su cuerpo. A pesar de las pérdidas, la colonia ganó un poco de tiempo, lo suficiente para retroceder al interior de su intrincada y extensa guarida, abandonando esa salida cubierta de polvos mortalmente tóxicos. ¿Quién ganó la partida? Seguramente nadie. La colonia de hormigas sobrevivió y cavó una nueva salida al exterior, continuando con sus incansables labores de cosecha de alimentos, y mientras hace buen clima, las veo todos los días, pues son habitantes de los jardines de una urbanización donde realizo interminables labores de jardinería.

Tras el invierno y en cuanto el sol comienza a regalarnos su calor primaveral, las hormigas salen nuevamente de su ciudad subterránea con la alegría y buena disposición que las caracteriza para buscar semillas y almacenarlas. La primavera pasada, cuando ocurrió esta historia, yo estaba resembrando césped, de una de esas variedades carísimas que son resistentes a casi todo: falta de agua, enfermedades, etc. Pero aún la ciencia no las ha hecho resistentes a las hormigas, que se sienten incontroladamente atraídas por su olor, como las luciérnagas a la luz. Mientras iba lanzando puñados de semillas a diestro y siniestro, las hormigas exploradoras las descubrían e informaban con sorprendente rapidez a todas sus hermanas, creando verdaderas autopistas de cientos de hormigas que recogían una a una las semillas que lanzaba. Yo, con mi corazón de biólogo e incapaz de hacerles daño, las veía y les sonreía mientras seguía trabajando, haciendo la vista gorda por robarme las semillas. Claro, hasta que pasó por ahí el presidente de la urbanización y se dio cuenta del derroche de semillas. Menos mal que yo no estaba cerca para que me dijera algo, y fue el conserje quien me dio los pormenores del rifirrafe hombre-hormiguero. Esta primavera toca resiembra otra vez, aunque sólo en las zonas donde «misteriosamente» las semillas no germinaron, tal vez porque no quedó una sola. Veremos si esta vez hay suficientes para todos.

Historias como estas ocurren a diario en todo el planeta, y a la gente le cuesta mucho ponerse en la piel (o, mejor dicho, el exoesqueleto) de una hormiga cuando ambos mundos colisionan, a pesar de que ellas, igual que nosotros, han tenido que hacer frente a la naturaleza indómita para sobrevivir desde hace unos 120 millones de años. Teniendo en cuenta que comenzaron a forjar su historia hace tanto tanto tiempo, en muchos aspectos nos llevan una gran ventaja evolutiva. Por eso se suele decir que son, junto con las abejas, los únicos animales que han logrado formar una «sociedad perfecta» donde hay una evidente división de trabajo y respeto por las jerarquías. En cierta forma es verdad, aunque su mundo es tan complejo que supera nuestra capacidad de entendimiento, hace falta entrar dentro, muy dentro de sus vidas y sus guaridas, para descubrir que cada una de las más de 12.500 especies de hormigas conocidas son asombrosamente distintas, difíciles de ser comparadas con la humanidad en forma global. Aun así, comparten con los seres humanos la necesidad de llevar una vida social organizada.

Cada especie tiene sus propias naciones con sus códigos de comportamiento, costumbres, conductas y dramas de la vida real, como que todas han sacrificado su libertad individual en aras de un bien superior; aunque en ocasiones puede ocurrir que la búsqueda de ese mismo bien mayor las lleve a cometer alta traición, como el asesinato de su reina o la alianza con colonias rivales. Me imagino el guion de un culebrón de los buenos, donde la hormiga María Joaquina le confiesa a la hormiga Francisca Guadalupe que esa misma noche, durante la fiesta de quince años de la reina Josefina, las hormigas de la Hacienda de Arriba van a entrar por sorpresa para secuestrarla. ¡Híjole, y ahora qué hacemos!

Mientras que algunas especies se han orientado a llevar una vida vegana estricta, otras son vegetarianas semicarnívoras o carroñeras, otras practican la ganadería y otras cultivan sus propios alimentos. Pero como no puede faltar, también hay muchas que son oportunistas, incluyendo a las que para obtener sus alimentos los roban o simplemente viven dentro de otros hormigueros para no tener nada de lo que preocuparse. Mientras algunas son pacíficas, otras se dedican a guerrear con todas las demás, sin olvidar a aquellas que son desde ingeniosas timadoras hasta despiadadas esclavistas de otras hormigas. Es como para hacer un *Juego de tronos* versión hormigas, daría material para muchísimas temporadas.

Y, sin embargo, debajo de ese duro exoesqueleto lleno de minúsculas espinas y pelillos sensibles todas tienen su pequeño corazoncito, pues hasta las especies más crueles tienen unos envidiables instintos de cuidado y protección hacia sus crías, lamiéndolas y alimentándolas hasta que pueden valerse por sí mismas. Pero como toda fortaleza supone una debilidad, hasta las más decididas hormigas con corazón de acero tienen su flaqueza, recogen a sus compañeras heridas o débiles para llevarlas de regreso al hormiguero o esperan al resto de la tropa para emprender la retirada todas juntas.

A pesar de que deseo transmitirle mi amor por las hormigas, tengo que hablarle también de unas hormigas guerreras que están orgullosas de sus logros. Si llevaran uniforme militar, seguro que lo tendrían totalmente cubierto de insignias por todas las batallas ganadas. A esas hormigas, tan pequeñitas que apenas se ven cuando van solas, sí que les tengo miedo, pues en muchas ocasiones me picaron por decenas, causándome unos dolores terribles. Recuerdo que una calurosa noche, mientras dormía, una de ellas trepó hasta mi oreja, ¡otra vez mi pobre oreja! Entre sueños, penetró un poco más y me rasgó la piel con su largo y afilado aguijón en plan Freddy Krueger, «pidiéndome» con su aguda y tozuda vocecita que hablara de ellas como las hormigas que son. «Hemos conquistado el mundo —me dijo—. Somos expertas y tenaces guerreras que no conocemos la palabra "miedo" ni el significado de la compasión. ¡Díselo al mundo!»

Como no quiero que se me vuelva a presentar en forma de pesadilla, aquí va su historia, una historia breve, resumida y doblemente vuelta a resumir. Su nombre ya de por sí lo dice todo, refiere a la desagradable y dolorosa sensación que causan sus picaduras, y digo «picaduras» en plural porque, además de la gran cantidad de hormigas que nos pueden picar en un instante, cada una de ellas puede hacerlo hasta ocho veces seguidas, inyectándonos ácido fórmico en cada ocasión. Yo tuve muchos problemas con ellas, particularmente con la especie tropical, *Solenopsis geminata*, que es la especie de hormiga invasora más ampliamente presente alrededor del mundo, aunque no la más famosa. También está otra especie casi idéntica pero más agresiva, *Solenopsis invicta*, a la que aún no he tenido el placer de conocer y espero no hacer, pues con la tropical he tenido bastante.

Imagínese la hermosa escena: en medio de una noche tranquila y de luna llena, las pequeñas crías de tortuga marina salen de la arena por cientos, llenas de energía y emoción de llegar al agua y comenzar a nadar contracorriente para adentrarse en las vastas aguas del océano Pacífico. Pero, oh problema, no contaban con las malditas luces artificiales. ¡Cuántas libélulas, cuántas luciérnagas y cuántos otros miles de insectos han muerto cegados por la hipnótica luz de las farolas! Nuestras amigas luciérnagas europeas están aprendiendo a lidiar con la contaminación lumínica, pero no nuestras queridas tortuguitas, que confunden las luces con el reflejo de la luna y las estrellas en la superficie del mar, su guía natural para localizarlo. Al ver las luces de los jardines de los hoteles y edificaciones a pie de playa, dan media vuelta y se alejan cada vez más de su única salida, perdiéndose entre el césped de los jardines y cayendo por las alcantarillas.

Cuando nos era posible y encontrábamos sus huellas, mis voluntarios —en su mayoría españoles— y yo, a media noche o de madrugada, invadíamos apresuradamente propiedades privadas en busca de las pocas que hubieran sobrevivido al acecho de mapaches, garzas nocturnas y gatos domésticos. A veces lográbamos rescatar nidadas completas, pero en ocasiones no teníamos éxito, pues las hormigas de fuego se nos habían adelantado. Es sorprendente que siendo tan pequeñas puedan hacer tanto daño y tan rápido: cuando las indefensas tortuguitas pasaban caminando por encima o cerca de alguna de las múltiples entradas del hormiguero, saltaba una alarma generalizada en la que todas las hormigas salían a atacar. En segundos trepaban sobre ellas y se dirigían hacia las partes más blandas y sensibles, como sus párpados, la cloaca y su pequeño «ombligo» que aún era visible. Ahí se enganchaban con sus mandíbulas y comenzaban a picar, provocándoles en pocos minutos un choque anafiláctico mortal. ¡Jolín, qué mala suerte!

Es una escena que tan sólo recordarla me sigue causando una incontrolable sensación de rabia y frustración. A veces llegábamos a tiempo cuando apenas unas cuantas hormigas se les habían subido y las arrancábamos de inmediato, aunque era necesario el uso de unas pequeñas pinzas porque se aferraban con tal fuerza que si tirábamos de otra parte que no fuera su cabeza continuaban mordiendo incluso decapitadas. Tras rescatarlas, las metíamos en un recipiente con un poco de agua salada y dejábamos que se recuperasen un rato hasta que veíamos que estaban lo suficientemente activas para entrar en el mar y superar la zona de oleaje. Recuerdo que mis voluntarios sufrían mucho esas pérdidas y se quedaban acompañando a las pobres tortuguitas durante un buen tiempo. En más de una ocasión, Mar se llevó alguna a casa para cuidarla y liberarla al día siguiente. No podíamos hacer mucho más, pero al menos les hacíamos un poco de compañía en esos momentos de agonía. ¡Eso es empatía!, algo que sí existe en la naturaleza pero que, por desgracia, nuestra hormiga incómoda no conoce.

Estas hormigas no causan problemas en sus lugares natales porque había otras igual o más agresivas que las mantienen a raya. Pero al llegar a sitios donde no hay nadie más fuerte que ellas, se vinieron arriba y pasó lo que pasó. Sin embargo, como suele ocurrir, tarde o temprano aparece alguien más listo. Doña Evolución llega de nuevo al rescate, para hacer de las suyas con las hasta entonces invictas solenopsis. Nuestra amiga y siempre reverenciada evolución utilizó su don para iluminar en esta ocasión a una pequeñísima mosca como la elegida para salvar al mundo de las dichosas hormigas de fuego. La llaman «mosca decapitadora» (*Pseudacteon curvatus*), y no es precisamente que vaya con un largo aguijón en forma de sable cortando las cabezas de cada hormiga que se encuentra, sino que es su larva la que se encarga del trabajo sucio. La mosca adulta sólo debe preocuparse de volar por encima del hormiguero, y en un rápido e inesperado ataque va inyectando con su aguijón uno de sus doscientos minúsculos huevos a cada hormiga que pasa. No transcurre más de una semana hasta que la larva nace y comienza a alimentarse de sus fluidos internos, como muchas larvas de avispas parasitarias de las orugas. Mientras se alimentan y van creciendo de tamaño se dirigen a su cabeza, comiéndoles lentamente el cerebro. La hormiga no muere, pero se queda inmovilizada hasta que la larva termina de madurar. Entonces secreta una enzima que hace que la cabeza de la hormiga se desprenda y una nueva mosca adulta comienza a salir lentamente de su cabeza. Como en la peor escena alienígena de la historia, la mosca ha salido para reproducirse y repetir un nuevo ciclo. Es una historia terrorífica, rozando lo macabro, ¿no cree? Pero así es la naturaleza, donde tarde o temprano el equilibrio debe reinar de nuevo.

Así que volvamos a hablar de las hormigas que no son chungas y que son muchas, las reinas de la laboriosidad. Dicho esto, es tiempo de hablar del trabajo en equipo, de un equipo muy molón que han formado las plantas y las hormigas. ¿Pensaba que no volvería a hablar de mis admiradas y queridas plantas? ¡Cómo no hacerlo! Sigo pensando que son los seres más ingeniosos y dinámicos del mundo. Me he reservado una de las historias más interesantes y admirables que conozco, en la que el mundo animal y el vegetal se alían por un bien común, y de la que también puedo presumir de haber presenciado muy de cerca. Se trata del curioso caso del «árbol-hormiga», un árbol que ha aprendido a utilizar a las hormigas para defenderse de infinidad de animales come-hojas y de otras plantas.

Mientras algunas plantas desarrollaron impresionantes mecanismos de defensa capaces de mantener a raya a sus depredadores e incluso matarlos, otras descubrieron las ventajas de tener a su disposición a un ejército de guardaespaldas las veinticuatro horas. En todo el mundo se ha descubierto que hay cerca de 500 especies de plantas que utilizan a las hormigas para obtener algún beneficio, en una relación que científicamente se llama «mirmecofilia» (amor a las hormigas) y que, por supuesto, se puede extender a los seres humanos. Yo, por ejemplo, me considero un mirmecófilo aficionado, especialmente para admirarlas y fotografiarlas, aunque eso de tocarlas se lo dejo a los expertos mirmecólogos. También están los mirmecófagos, quienes tienen un gusto particular por comérselas; si bien una costumbre ancestral, se está convirtiendo en extraña tendencia de moda.

Aunque hay un montón de árboles mirmecófilos, entre los más conocidos están las acacias, esos típicos árboles que vemos en los documentales sobre la sabana africana, de los cuales se alimentan un montón de antílopes, jirafas y elefantes, por no mencionar a infinidad de seres más pequeños como chinches, escarabajos y orugas. Para combatirlos, la acacia africana (*Acacia drepanolobium*) ha reclutado a una hormiga llamada *Crematogaster mimosae*, la cual, por cierto, es muy parecida a las que vemos comúnmente rondando por los árboles de España, a las que llaman «morito».

Las acacias, a cambio de su lealtad, les ofrecieron alimento y un sitio donde poder depositar sus huevos. Modificaron la base de sus delgadas y afiladas espinas, abombándolas y dejándolas huecas para que dentro pudieran anidar cómodamente. Para alimentarlas, desarrollaron unas estructuras llamadas glándulas nectarias por las que secretan unas minúsculas gotitas de ligamasa, que es una forma de néctar concentrado rico en azúcares. Pero las hormigas seguían alejándose del árbol en busca de alimentos «más sustanciosos», por lo que la acacia comenzó a producir una especie de minúsculas perlas cargadas de proteínas y otros nutrientes. Complacidas, las mimosas hormigas se quedaron. ¡Todos contentos! En cuanto un incauto animal roza siquiera una de sus ramas, una horda de hormigas furiosas sale en defensa del árbol, sin importarles que el pobre animalito sólo esté buscando aliviar la comezón que siente en el lomo por el incansable acoso de moscas y tábanos.

En la América tropical y templada ocurre lo mismo, aunque con distintos depredadores, pues ahí la mayor amenaza proviene de otros insectos, incluyendo a una sorprendente variedad de hormigas cortadoras de hojas que tienen especial predilección por las acacias. Mi experiencia con las acacias americanas comenzó, como puede imaginar, desde que era pequeño y recorría con mis hermanos las orillas de las extensas playas vírgenes en busca de «regalos» que sacaba el oleaje. Mientras caminábamos descalzos sobre la arena, solíamos pincharnos con unas espinas huecas pero muy afiladas, que tenían la forma de una «V» muy abierta, similares a la cornamenta de un toro.

Incontables veces nos las clavamos en los pies, y son tan duras y afiladas que no importaba que lleváramos sandalias, pues también atravesaban la suela. Recuerdo que al recogerlas veía que en sus lados siempre tenían un pequeño orificio redondo de un par de milímetros. Eran tan comunes que dejé de prestarles atención, hasta que crecí más y mis padres me permitieron realizar exploraciones más extensas por la selva. Un día me propuse adentrarme un poco más en los bosques espinosos que había detrás de esas playas y apenas entrar rocé accidentalmente con mi cabeza una de las ramas de un árbol cubierto por cientos de espinas, y en cuestión de segundos comencé a sentir un montón de dolorosas picaduras en mi cuello y mis orejas. Salí corriendo y me tiré al agua, pues sentía que mi cuello estaba en llamas. Al menos ya sabía de dónde procedían las espinas de la playa, aunque el origen de esos pequeños orificios circulares siguió siendo un misterio porque no quise acercarme de nuevo a investigar.

Llegó aquel día que siendo estudiante de biología me fui a vivir a la costa, y ahí, entre tanta vegetación, estaban de nuevo esos árboles-hormiga a los que los habitantes detestan y llaman «jarretadera» (*Acacia hindsii*), aunque nadie sabía decirme el significado de esa palabra, ni siquiera mi maestro especialista en botánica. Nunca lo supe, por cierto, hasta que me mudé a España y lo descubrí accidentalmente mientras investigaba sobre el origen de las terribles corridas de toros. Durante la época romana, cuando se daba caza a toros salvajes se utilizaba un arma con forma de media luna para «desjarretar» a los toros cuando los perseguían; es decir, que era como una lanza con una media luna afilada en el extremo con la que desde atrás les cortaban los tendones de las patas traseras para que no pudieran escapar y, de paso, no dañaban sus preciadas pieles usando las técnicas de caza tradicionales. Supongo que de alguna forma los primeros colonizadores de la Nueva España conocían esta arma y comenzaron a llamar así al árbol porque sus semillas les recordaban a una «desjarretadera», y con el paso del tiempo el nombre terminó simplificándose hasta el término actual. Es lógico que ninguna persona moderna sin conocimientos de historia romana o de la antigua España pudiera deducir el sangriento origen de su nombre, ya que, al parecer, nunca fue (afortunadamente) un arma de amplio uso.

Tras esta breve nota histórica, debo explicar el último misterio: el origen de esos dichosos orificios circulares. Ávido de conocimientos y dispuesto a descubrir los secretos que ese árbol guardaba para mí, me dispuse a examinar de cerca estas espinas, aún adheridas a una saludable rama de la también llamada acacia cornígera. Asegurándome de no tocar ninguna parte del árbol con mi cuerpo, intenté acercarme lo más posible a observar, y pude ver que sólo las espinas más grandes y maduras estaban perforadas, a diferencia de las más verdes y pequeñas. Pude apreciar que de esos orificios continuamente entraban y salían unas pequeñas hormigas hiperactivas, difíciles de ver en detalle porque no paraban ni un segundo de moverse. Eran las hormigas guardaespaldas *Pseudomyrmex veneficus*, que descubrieron que esas espinas habían sido diseñadas para que, al igual que en nuestra acacia africana, les sirvieran de hogar. Así, cuando aún están verdes y blandas, practican en ellas una o dos incisiones con sus mandíbulas y, *voilà!*, la casa está hecha.

Es relativamente fácil caminar debajo del árbol y de todas las acacias vecinas gracias a que no crece ninguna otra planta, como si se tratara de un bosque exclusivo para las jarretaderas, pero en cambio, donde no las hay, la vegetación es muy abundante. Sorprendentemente, nuestras amigas guardaespaldas no sólo defienden al árbol, sino que también practican la jardinería realizando podas regulares de todas aquellas plantas que se atreven a crecer debajo y que en un futuro pudieran competir por la luz. Hacen tan buen trabajo que sin duda son dignas merecedoras de una paga extra.

Cuando vivía en la casa de la selva y me iba a buscar cocodrilos, pasaba por uno de esos bosques de jarretaderas, y siempre que caminaba debajo me salía volando de forma inesperada un ave que se camuflaba entre la hojarasca. ¡Qué sustos me daba, por Dios! Se camuflaba tan bien que nunca, después de varios intentos, la pude encontrar antes de que volara, por muy lento que caminara y cuidadoso que fuera al pisar sobre el suelo. Se trataba de una de las aves nocturnas menos conocidas y más misteriosas del mundo, y que también encontramos en España. La llaman «chotacabras» (*Caprimulgus* sp.), un ave del tamaño de una tórtola que aprendió a sacar provecho de las labores defensivas de las hormigas.

A nuestro inesperado participante, también llamado en América «tapacaminos», es muy habitual escucharlo por las noches, pero menos verlo porque, además de que de día está perfectamente camuflado entre el suelo, es capaz de realizar un vuelo absolutamente silencioso, por lo que puede pasar delante de tus narices y ni siquiera te enteras, gracias a unas discretas modificaciones en los bordes de sus plumas que amortiguan el sonido del aire durante el vuelo. Es un espectacular cazador de insectos digno de un capítulo exclusivo porque tiene además unas muy interesantes adaptaciones a la caza nocturna, como unos enormes ojos y unas plumas especiales alrededor de su pico que se parecen más a los bigotes de un gato y que utiliza como una red para llevarse a la boca cualquier insecto que le pase por delante. Como otras muchas especies, esta ave vive rodeada de mitos y leyendas que han dado origen a creencias tontas como que es un ave a la que le gusta mamar la leche de las cabras, tal vez porque se sienten atraídas por los incontables insectos que las acompañan, y porque como no pueden andar por tener sus patas tan pequeñas, se posan en el suelo, a veces debajo de las mismas cabras. En fin, la imaginación humana no tiene límite, como el mismo ingenio de los animales.

Las chotacabras descubrieron que podían encontrar una seguridad extra descansando debajo de estos árboles, y las hembras le han cogido el gusto a depositar ahí sus huevos, sobre el suelo y ocultos entre la hojarasca, donde el polluelo, después de nacer, se queda inmóvil y a salvo. Ése es el único misterio que no he podido resolver, y me cuesta entender cómo han hecho para que nuestras hormigas guardaespaldas les hayan dado total inmunidad en sus dominios, como si tuvieran credenciales diplomáticas. Eso, o que las hormigas les tienen miedo, tras crear su propia leyenda llena de supersticiones hormiguescas en la que los temen tal vez por ser enviados del mal o porque si les muerden sus alas les caerá una maldición como el mal de ojo. Señoras hormigas, son sólo habladurías del bosque, pero me alegro de que protejan a esas aves tan singulares.

Lo irónico de toda la historia de las acacias, nuestras hormigas guardianas y todo lo que interactúa con ellas es que su relación se ha hecho tan compleja, que al parecer ahora los árboles tienen más que perder que las mismas hormigas. En las zonas donde estas hormigas están ausentes, las acacias crecen más lentamente y se debilitan, pues son víctimas del ataque de otras especies de hormigas que no les han jurado lealtad. Hay dos especies muy similares que pueden vivir en sus espinas, pero al no ser agresivas con los invasores permiten la llegada de insectos chupadores de savia y se quedan indiferentes cuando llega otra especie de hormigas que en una sola noche pueden dejar el árbol totalmente desnudo de hojas.

En España, el peor escenario sería el que se vivió en la urbanización durante la pasada primavera, pero en México la cosa se complica con los incontables ejércitos que cada noche surgen de las profundidades de la tierra para cortar una a una las hojas de algunas plantas y árboles. Si el presidente de la urbanización casi sufre un patatús cuando vio a las hormigas robándole las semillas, no quiero ni pensar lo que le hubiera pasado al descubrir (en un hipotético caso) que las frondosas y floridas buganvillas habían aparecido totalmente desprovistas de hojas y flores. Seguro que habría tenido que pedir una ambulancia, pues cuando en nuestros preciosos rosales encontramos alguna hoja mordisqueada o con recortes semicirculares por obra de alguna oruga o la visita de una abeja cortadora de hojas, ya es un motivo importante de alarma.

Nuestras amigas las hormigas cortadoras de hojas no las utilizan ni para comer ni para construir sus nidos. Entonces ¿para qué las quieren? Comencemos por presentarlas como es debido, conociéndolas por los nombres que más las caracterizan: cosechadoras, defoliadoras, arrieras y (el más divertido) hormigas parasol. Las poseedoras de estos nombres son exclusivas del continente americano y pertenecen a un exclusivo club de hormigas compuesto por unas 50 especies que comparten una forma de vida muy particular. Se han hecho famosas entre los mirmecólogos por su gran organización social, aunque también lo son entre agricultores y jardineros por los tremendos dolores de cabeza que les producen. ¡Pero a mí me caen muy bien! Dentro de su hormiguero hay una ciudad entera tan compleja que podría compararse con cualquiera de las nuestras, y el caos no reina mientras haya reina, porque hay que admitir que llevan un matriarcado ejemplar. Esas ciudades están perfectamente interconectadas por autopistas y vías secundarias, con galerías superintrincadas, con un montón de salidas de emergencia que tienen decenas o cientos de metros de separación, respiraderos, pasadizos, cámaras para almacenar las basuras y varios salones de mayor tamaño donde atesoran su secreto más preciado: su alimento.

Recuerdo que de niño, muy aficionado al acuarismo, me iba en bicicleta a recorrer el campo y me daba por recolectar los montículos de gravilla que iban sacando alrededor de sus accesos; unos montículos enormes, por cierto. Era una gravilla de excelente calidad con granos color rojo pardo y todos del mismo tamaño. La lavaba con agua corriente y la vendía a mis amigos por kilo para decorar el fondo de los acuarios. Eso sí, era indispensable recolectarla rápidamente porque lo hacía con las manos descubiertas y las hormigas se enfadaban mucho de tanto como rascaba el suelo. No era a los impresionantes soldados a quienes temía más, sino a las pequeñas obreras. ¡Ésas sí tenían mala leche!

De nuevo las acacias surgen entre los nombres de algunos de los árboles más buscados por estas hormigas, bastante comunes en las zonas semiáridas donde nací. Aun así, no se libran muchas especies de plantas exóticas, como las plantas que encontramos a la venta en los viveros y que abundan en los jardines de nuestras casas. Antes de conocer a mi querida Mar, tenía una casa cuyo mayor atractivo era una gigantesca buganvilla que cubría un muro entero y servía de refugio a un enorme avispero que evitaba molestar. Además de disfrutar del incesante ir y venir de las avispas, me era de gran utilidad para persuadir a los niños de los vecinos para que no jugaran al fútbol en ese muro.

Cada año y en varias ocasiones, las parasol aparecían por las noches y a veces llegaba el día y seguían trabajando. Formaban unos largos senderos que bajo la luz parecían ríos de lava, formados por miles de individuos que marchaban apresuradamente. Todas esas hormigas iban siguiendo un rastro de feromonas que las exploradoras habían creado previamente para que las demás encontraran el camino a la comida. Conforme pasaba la noche, el sendero ya llevaba dos carriles muy congestionados, uno con hormigas llevando cada una a cuestas enormes trozos redondos de hojas, a veces mucho más grandes y pesadas que ellas, por lo que cuando hacía alguna pequeña brisa se caían de lado y debían levantarse de nuevo entre los pisotones de las que regresaban de haber dejado su carga. Entre tantas hormigas se podían apreciar perfectamente dos tipos distintos, las obreras menuditas y de paso veloz y las grandes soldados, cuyas enormes cabezas están diseñadas para alojar los músculos de sus poderosas mandíbulas y que, además de encargarse de proteger la colonia, participan gustosas de las tareas de recolección, pues aunque son más lentas, la solidaridad es innata en ellas.

Yo debía tener cuidado con lo que dejaba a su alcance, porque a veces las exploradoras, al no quedar contentas con su gran hallazgo, continuaban la exploración y si encontraban algún alimento compuesto de harinas, se lo llevaban también. Se sabe que las hormigas tienen buena memoria, y lo pude comprobar en varias ocasiones. Se metían dentro del patio y no perdían tiempo buscando, pues iban directamente hacia los platos de mis perras. Si encontraban algo de pienso, se podía ver cómo avisaban a las obreras y en cuestión de minutos los platos se volvían de color rojo. Poco faltó para que, como en los dibujos animados, los levantaran y se los llevaran en hombros. Era impresionante ver cómo hacían un verdadero trabajo en equipo para sacar cada una de las croquetas del resbaladizo plato, y si no lo lograban, las rompían en trozos más pequeños. Yo terminaba sintiendo compasión por ellas y volcaba los platos para facilitarles su trabajo. El problema era cuando encontraban el saco, pues si no lo retiraba, estarían ahí metidas hasta haber agotado su contenido y no habría quien se atreviera a meter la mano. Mis perras, muy listas, habían aprendido tras una dolorosa lección, que preferían pedirme un menú alternativo que comerse un plato de croquetas picantes. A pesar de los contratiempos, era divertido ver en esos largos ríos de lava cómo algunas hormigas iban cargando (y a veces arrastrando entre varias) los enormes trozos de croquetas para perro.

Ante tal descripción y el caos que pueden provocar a su paso, podría parecer que son hormigas bastante malas, y más cuando descubrimos que una sola colonia puede tener varios millones de integrantes capaces de recolectar kilos y kilos de materia vegetal en una sola noche. Es verdad que pueden hacer que un jardín quede desprovisto de su belleza, pero al morder sólo las hojas, las plantas se pueden recuperar fácilmente. De alguna forma evitan causarles la muerte, y por ello nuestras consideradas hormigas no vuelven a la misma planta en un período de tiempo razonable para permitirles recuperarse de esa poda selectiva.

Fue apenas en los años setenta cuando se descubrió que no se alimentaban de hojas sino de un hongo que cultivaban en huertos subterráneos y tridimensionales. Sí, mi querido lector; la agricultura orgánica y sostenible ya había sido inventada antes de que los humanos descubriéramos que se puede hacer agricultura sin cargarse el planeta. Así que nuestras amigas parasol llevan una dieta estrictamente micófaga, cultivando y alimentándose de unos hongos que sólo pueden encontrarse dentro de los hormigueros, y si acaso estos existen fuera de ellos, conservan una estructura totalmente diferente debido a tanto tiempo de manejo por parte de las hormigas, tal como ocurre con nuestras especies de maíz o de tomate. Pero como ocurre con cualquier cultivo, dichos hongos requieren de muchos cuidados y mimos, por eso necesitan recolectar tan ingente cantidad de hojas. Las mastican, las mezclan con saliva, con su propia orina y excrementos y, una vez están maceradas del todo, las incorporan como un sustrato rico en nutrientes donde los hongos podrán crecer. Continuamente los limpian, los podan y eliminan cualquier otra especie indeseada de hongo que aparezca. Como puede imaginar, su vida entera gira en torno a ellos, y si por alguna razón llegaran a morir, la colonia desaparecería.

Al estudiar hormigas, avispas y abejas, todas con un mismo ancestro común, los científicos acuñaron el término «superorganismo» para definir a los seres vivos con la más compleja estructura social de la naturaleza, donde cada individuo actúa y funciona como lo haría un órgano o una célula especializada de nuestro cuerpo, digamos las del corazón o las de la sangre. Sin duda nuestras amigas cosechadoras son un buen ejemplo, pero hay otra especie que aunque ha decidido llevar una vida nómada, es igualmente formidable. Mi corazón quedó pleno de admiración cuando las acompañé brevemente durante su marcha eterna a través de la selva.

En África, Asia y América son muy conocidas y respetadas dondequiera que van. Aunque es un poco intimidante toparse con ellas o verlas entrar en tu patio o en tu casa, los habitantes de los pueblos por donde suelen pasar les dan la bienvenida y las consideran aliadas por eliminar todo tipo de plagas. Las llaman legionarias, soldados o siafu, aunque yo las conocí por el nombre de marabuntas (*Eciton burchellii*). Son incansables viajeras que no permanecen mucho tiempo en un mismo sitio. Si por alguna razón deben parar y protegerse, forman unas gigantescas bolas de hormigas unidas entre sí por la boca y por las patas, tan grandes como una figura humana. Van marchando como a cámara rápida, siempre con prisa, como si alguien les fuera pisando los talones, aunque en realidad es lo contrario, y es gracias a su velocidad que pillan desprevenidas a muchas de sus víctimas. Como podrá imaginarse, son excelentes cazadoras. A su paso no se libra nada que se mueva, pues gracias a sus afiladas mandíbulas y a que lo hacen en gran número, su ataque es devastador, capaz de hacer correr despavorido a un poderoso jaguar.

Después de mi experiencia con las hormigas defensoras de las acacias no me iba a arriesgar a ser mordido, así que lo único que hice fue colocarme por encima de una de sus interminables columnas y fotografiarlas desde ahí. Viajaban tan rápido que en la penumbra de la selva, incluso con flash, salían movidas. Intenté seguir sus rastros, pero es casi imposible, pues unos metros más adelante su camino se bifurca una y otra vez. Me caen bien no por el caos que causan, sino por la lección de solidaridad que nos transmiten: cuando la reina muere, el resto de la colonia pierde su liderazgo. Condenada ésta a la desaparición y en medio de un profundo desasosiego, las hormigas se dispersan por la selva como buscando en ella una nueva razón para seguir viviendo. Entonces, si tienen suerte, se encuentran con otra colonia de legionarias, que las acogen e integran en el seno de su familia. «Ninguna quedará atrás», dice el lema de las marabuntas, y lo cumplen a rajatabla.

Se dice que las hormigas, los insectos más abundantes y variados de la Tierra, reinarán el planeta y lo harán en paz. Yo creo que ya lo hacen, y el mundo es lo que es gracias a ellas, aunque no nos guste darles el mérito que les corresponde. Si yo pudiera curar los males que aquejan a nuestros pueblos, les pediría ayuda a ellas, que con su amplia experiencia y trayectoria evolutiva nos darían una cura para cada cosa.

Me imagino un mundo en el que pudiéramos ir a la sede central de Hormigas Sin Fronteras, un enorme y hermoso edificio con forma de castillo construido por ellas mismas a base de barro y saliva, donde el ahorro energético y las tecnologías verdes son la caña. Todos los humanos de buena fe son siempre bienvenidos a su inmensa biblioteca, tan grande que ocupa varios pisos de altura, y ahí podríamos consultar su historia, sus hazañas y las ingeniosas estrategias que han utilizado para hacer frente a cada una de las situaciones que han atravesado.

Sus miles de estanterías estarían perfectamente organizadas por temas tan variados como la vida misma, y al caminar por sus pasillos podríamos leer títulos filosóficos como «El análisis de los impulsos primarios» o «Descubriendo nuestra experiencia heredada». En otro pasillo habría temas de superación para la vida cotidiana como «Conoce tus emociones», «Mil y una técnicas para una comunicación eficaz» o «Contagiando el espíritu laboral», y habría secciones enteras dedicadas a las «Técnicas de cultivo y agricultura orgánica» y a la «Ganadería para todos sin sufrimiento animal».

Además, como son hormigas que lo comparten todo, también habría algunas secciones más intensas donde se abordarían temas como esclavismo, tortura y tópicos de guerra de los que la historia humana ha tenido mucha experiencia, y se organizarían debates con una hormiga moderadora y otra que da lectura a las conclusiones. Sea como fuere, en cualquier pasillo y cualquier esquina de ese hermoso castillo de barro siempre habría una hormiga dispuesta a ayudarnos a encontrar la respuesta a lo que buscamos. Pero lo más interesante y casi milagroso estaría en el fondo, donde en un discreto letrero se leería: LA BOTICA DE LA HORMIGA, DONDE HAY UN REMEDIO PARA TODOS LOS MALES. Sobre el mostrador habría un enorme y gordo libro, como el de Petete, donde podríamos pedir un remedio para tal o cual cosa, algo así como el menú de un restaurante asiático:

—Deme, por favor, un número 3.486, un 2.197 y también un 5.036 —pidió un diputado recién elegido.

—¡Qué bien! —contestó la hormiga boticaria—, veo que ha pedido un remedio para combatir la traición, otro para erradicar el aprovisionamiento de bienes y uno más para estimular la empatía. ¡Muy buena elección! Como no usamos bolsas de plástico, se los envolveré en hojas frescas, y he metido aquí una ampolla de ácido fórmico, que tiene unas propiedades maravillosas.

«Qué hormiguita tan maja —reflexionó el hombre mientras se despedía—. ¡Y pensar que yo antes las mataba cuando entraban en mi casa!»

Una reflexión final, a modo de despedida

Estimado lector, tras haber compartido tantas historias, tantas lecciones y tantas reflexiones, yo me pregunto:

¿Cuán diferentes somos de vosotros, árboles magníficos y animales singulares?

¿Acaso hemos visto en vosotros algún comportamiento que no hayamos tenido nosotros los humanos?

¿No será que en nuestro afán por vivir deprisa nos hemos distanciado tanto de la naturaleza que hemos sido incapaces de entender vuestros mensajes?

Tal vez lo que nos hace falta es mirar más al cielo, a nuestros bosques, a nuestros mares y simplemente abrir nuestros corazones.

Pocos sentimientos hay que procuren al hombre mayor consuelo en sus penas, más descanso en sus trabajos, más calma en medio de las luchas por la vida y más serenidad para el ánimo que el sentimiento de la Naturaleza. Cuando se posee éste con alguna viveza, la contemplación del campo es el más grande sedativo para las enfermeda-

des del espíritu. Aspirando paisaje se goza de uno de los mayores placeres de la vida.

Esta reflexión del gran filósofo y escritor bilbaíno don Miguel de Unamuno es la mejor receta para curar el creciente «trastorno por déficit de naturaleza» que sufrimos en la actualidad.

No hace falta llevar unas gafas especiales, ni tampoco se necesitan conocimientos avanzados sobre la naturaleza. Lo único que necesitamos es tener un poco de tolerancia y empatía por todos y cada uno de esos seres maravillosos que nos rodean, y llevar en nuestros corazones ese enriquecedor sentimiento de la naturaleza.

Me despido de usted, mi estimado y fiel lector, deseando que la próxima vez que se encuentre debajo de un árbol o se tope con un oso, una mosca, una libélula o cualquier otro ser vivo, los vea con otros ojos. Espero haber logrado contagiarle un poco de mi sentimiento, de ese amor y respeto que siento por ellos y por la vida misma. ¡Hasta pronto!

Agradecimientos

A mis hermanos Manuel, Hugo, Mahely y Adalhí por haber hecho mi infancia tan especial y por acompañarme siempre en ese viaje llamado vida. A Ofe Arévalo por ser parte de mi vida y de mi familia. A Frank McCann, mi paciente consejero e inseparable compañero de aventuras balleneras, tortugueras y cocodrileras; sin ti, mi gran amigo, mi vida en Puerto Vallarta no habría sido la misma. A mis grandes maestros Fabio y Amílcar Cupul por guiarme, inspirarme y motivarme tanto durante mi carrera. A Isabel Cárdenas, Astrid Frisch y Fernando Romo por compartir conmigo tantas aventuras, conocimientos e inolvidables experiencias con los cetáceos. A mi amigo y por muchos años editor, Juan Espinoza, por todo tu apoyo incondicional. A Cristina H. Quintana por tu amistad y sabios consejos. A toda mi familia y amigos por estar siempre a mi lado en los momentos más difíciles. A Míriam Díez, por haberme dejado entrar en tu mágico Paraíso del Cuento y compartir en tus inspiradoras sesiones públicas mis cuentos e historias. A todos esos grandes amigos alrededor de España que me habéis abierto las puertas de vuestros corazones y me habéis dejado entrar en vuestras vidas. A todas esas magníficas personas que involuntariamente he omitido mencionar, pero que han enriquecido cada minuto de mi feliz vida. Y a Cristina Lomba, mi editora, por tu confianza, tus acertadas sugerencias, tu empatía y tu sentido del humor.